ゼロ・エミッション

産廃会社が挑む地方創生

金山昇司
KANAYAMA SHOJI

幻冬舎 MC

ゼロ・エミッション

産廃会社が挑む地方創生

はじめに

地方の衰退が叫ばれて久しく経ちます。

東京を中心とした大都市圏に人口が流出することに伴う地方の人口減少、高齢化に歯止めがかかっていないのです。総務省の「人口推計結果の要約（2019年）」によると全国47都道府県のうち40の道県が前年と比較して人口が減少しています。なかには10年以上、減少が続いているところが多数あり、すべて地方の道県です。また、都道府県別の高齢者の割合を見ると、およそ6割にあたる28の道県で65歳以上人口の割合が30％以上となっており、これもすべて地方です。

人口減少、高齢化の流れは、地方に拠点をおく企業に影響を及ぼします。人口の減少は地域経済の縮小につながり、高齢化が進んで若者が少なくなれば人材を確保することも困難になります。地方での企業の存続が、今後ますます困難を極めるのは必至です。

私は岡山県岡山市に根ざす中小企業の経営者です。19歳のとき、鉄くず回収業を営んでいた父とともに働き始め、今では産業廃棄物の処理事業や建築物の解体工事などを手掛けています。

岡山県もほかの地方同様、人口減少と高齢化が進んでいるなか、私の会社のような中小企業が生き残っていくのは簡単ではありません。産業廃棄物処理の業界も右肩上がりの時代はすでに終わりを告げ、縮小するマーケットのなかで限られたパイを奪い合い、すでに淘汰が始まっています。

私の会社は現在、グループ従業員数170人、売上約35億円となっており毎年順調に成長していますが、今までの延長線上で闘っていくのではいずれ限界が訪れるのは目に見えています。

そこで私たちが取り組んでいるのが、ゼロ・エミッションです。ゼロ・エミッションとは、環境汚染や気候変動の原因となり得る廃棄物を排出しないしくみのことです。ゼロ・エミッションに取り組むことによって新たなビジネスを創出し、雇用を生むことで地方創生につながります。つまり、パイを奪い合うのではなく、岡山という地方の活性化につなげることで自社の生き残りをも実現させるのです。

産業廃棄物を処理する会社がゼロ・エミッション、つまり廃棄物ゼロに取り組むのは相反することのように思えるかもしれません。しかし、トラックに満載の廃棄物を毎日休みなく運び、処理する一方で、この大量の廃棄物すべてを必要なものとして社会にお返しできないかとの思いを強くしていった私にとっては必然でした。そして、「この世の中に廃棄物は存在しない」をモットーに、私たちの会社ならではのゼロ・エミッションの実現を目指しています。リデュース(ゴミを減らす)、リユース(繰り返し使う)、リサイクル(再資源化する)の3Rを実践し、廃棄物を限りなくゼロに近づけようとしているのです。

本書では、地方のいち産廃業者がゼロ・エミッションを掲げて、地方創生に取り組み奮闘している軌跡をまとめています。ゼロ・エミッションを実現させるために、私たちが岡山県瀬戸内市で始めているプロジェクト「エコビレッジ」にも触れます。エコビレッジは廃棄物処理を活用したリサイクル施設であり、人々が遊びに来られるアミューズメント施設でもあります。このプロジェクトがいかに地方創生につながり、事業としての可能性を秘めているかを紹介していきます。

といっても、この本は成功事例を紹介する書籍ではありません。エコビレッジ構想もまだ始まったばかりです。このプロジェクトが確実に成功するという保証もありません。

しかし、その挑戦する過程を伝えることで、地方の中小企業にも可能性があることを感じてもらえたら、著者としてうれしく思います。

目次

はじめに 2

第1章 人口が減少する地方、衰退する地方中小企業

歯止めがかからない地方の衰退 12

競争なき延命が衰退を招く 16

その場しのぎでなく、発想の転換が必要 19

第2章 地球環境へ貢献し、新たなビジネスチャンスを生む

地方中小企業が「ゼロ・エミッション」に取り組むべき理由

大量廃棄時代の新しい循環の形　24
CO_2排出実質ゼロの流れに乗り遅れるな　26
産廃業者に追い風となるＳＤＧｓ　29
廃プラの再生活用は喫緊の課題　33
エコビレッジ事業はゼロ・エミッションの進化形　42
社員の熱量が上がり働く動機づけに　46

第3章
「ゼロ・エミッション」の第一歩は40年前の鉄くず回収……社会課題を解決することがビジネスになる

仕事や人生に対する姿勢がつくられた頃　50
難航した就職活動　53
稼げる仕事だった鉄くず回収　54
思考が人生を決定づける　57
仕事の原点に立ち返る　61

営業スキルを活かして急成長　63
人材定着が課題　66
盟友の旅立ち　68
経営者とは何か　71
痛みを伴う改革を推進　73
目指す事業領域は「社会課題解決業」　75
エコビレッジ構想出現　78
「迷惑施設」という前提を踏まえて　81
社会を支えるエッセンシャルワーカー　84
経営基盤の安定化を目指して、ワンストップサービスを提供　86

第4章

ＳＤＧｓのトレンドを追い風に「ゼロ・エミッション」を本格始動
事業を拡大し産廃処理から環境事業会社へと舵を切る

自治体のＳＤＧｓ推進パートナーズの一員に　96

三国志に学んだ経営ノウハウ――弱者の戦略　99
顧客との接点を増やす――クリーンレディの役割　102
グローバルな視点に立って常に危機感をもつ　106
チャレンジによる離職者は企業の成長痛　109
現状維持は衰退を招く　111
社会に貢献し存在価値の高い会社に　113
「感謝」から生まれる好循環　116
リーマンショックのピンチに重機を購入　118
「すべての出来事は必然かつ最善である」と知り開眼　121
第三者の視点をもつ　123
立ちはだかる壁は成長の糧　125
自己の感情に敏感になる　128
異業種の不動産業界参入は素直な素人集団で　129
「新幹線型」の組織で長期的な未来を見据える　135
選択肢を広げるために学び続ける　138
心から思わなければ意味がない　140

第5章
ゼロ・エミッション――エネルギーの地産地消による地方創生
「エコビレッジ」の成功が地域を活性化させる
過疎地に水平展開できるモデルづくりを　144
経営者にいちばん必要なのは情熱　149
競争ではなく地域全体で発展　150
マインドセットが停滞を打開　152
自らと向き合い行動を起こす　155
伸びしろに溢れた中小企業　156
先入観なく人を活かす　158
現実を直視せよ　160
環境創造企業として、Z世代や女性が活躍できる会社であり続けたい　164
仕事の「自分ごと」化が人生を充実させる　170
おわりに　176

第１章

人口が減少する地方、衰退する地方中小企業

歯止めがかからない地方の衰退

２０１４年、安倍内閣により「地方創生」が政策として打ち出されてから、およそ10年が経ちました。各地でさまざまな取り組みが進められ、成果を上げた例も耳にしますが、いち地方中小企業経営者として、状況の好転を実感できているかというと、なかなかそうではありません。少子高齢化や東京一極集中に歯止めがかかっている気配はなく、相変わらず地方が衰退し続けているなかで、会社の生き残りをかけてもがき続けているというのが現実です。

特に、少子高齢化については明らかに深刻の度合いを増しているといえます。２０４０年までに20～39歳の女性の人口が5割以下に減少すると推計される自治体は、全国約１８００市町村のうち約半数（８９６市町村）あると日本創成会議から発表されています。一部の都市圏を除く自治体の多くが、将来的に存続が困難になるかもしれないというリスクを抱えており、消滅可能性都市という衝撃的な言葉も生まれて各地で議論を巻き起こしました。

日本全体で少子化の影響によって人口は減り続けており、国立社会保障・人口問題研究所による将来人口の中位推計（２０１７年）によれば、総人口は２０５３年に1億人を割り、その先も減り続けると予測されています。そして、その減少の影響を最も大きく受けるのがすでに衰退のただなかにある地方であることは疑いようがありません。これは地方で経営を続ける経営者にとって極めて深刻な問題であって、企業は自社の利益のことだけを気にしていればいいと社会問題から目をそらしているわけにはいかなくなっているのです。

２０１９年に公表された富士通総研のレポート「地域・地方の現状と課題」によると、人口減少と高齢化が地域経済を縮小させ、働く場所を求めて若年層の人口が流出し、さらなる人口減少と少子高齢化を招く悪循環を加速させるおそれがあります。地方の労働力不足、経営者の後継者不足、働く場所や働き方の多様性の低下、移住者の未定着、基幹産業の衰退が懸念されています。

このレポートでは東京、神奈川、埼玉、千葉の東京圏と東京圏以外の43道府県の地方のデータを比較しています。２０１５年度の平均所得は、東京圏が３８６・８万円、地方が２９２・０万円で、東京圏の所得は地方より約95万円多くなっています。２０００年と２０１５年の若者人口（15～19歳）を見ると、東京圏が約２割の減少、地方は約３割の減少です。出生数は少子化の影響が顕著で、同じ２０００年と２０１５年を比較すると、東京圏は約０・５割減少、地方は約２割減少となっており、地方の出生数の減少割合は東京圏より大きくなっています。

私の会社がある岡山市は岡山県最大の都市であり、人口約72万人、高齢化率は26・2％（２０２０年）です。消滅可能性都市には含まれていませんが、油断は禁物です。２０２０年をピークに人口が減少に転じ、２０４５年までには約４万人が減少し、高齢化率は33・６％に上昇することが予測されています。周辺部ではより早く高齢化が進行すると見られています。

高齢化の進行は、若者がおらず高齢者ばかりという地方ならではの問題を深刻化させています。岡山市内ではそれほどではありませんが、周辺の小都市では若者は地元で就職せず、県内の中都市に就職していきます。建設市場が縮小し、着工数が減少しているため仕事が減り、働き方改革の影響で労働時間が厳密に管理されて人手が足りないという課題もあります。資源高や材料費の高騰も追い打ちをかけています。

若い世代がいないのでモノが売れず、スーパーマーケットもなく、岡山市内の商店街にもシャッター通りがあります。山間部などでは小売店が撤退し、公共交通機関が廃止され、買い物難民が生まれていたり、ガソリンスタンドが廃業し、自動車の運転や燃料の調達に支障が出ていたりする地域もあります。人口減少は地方の過疎化をいっそう進行させ、街に活気がなくなり、都市機能が失われていくのは大きな問題です。人口減少の悪循環からは簡単には抜け出せません。

地方自治体による企業や工場の積極的な誘致も切り札にはなりません。近代的な施設が建設されても景気悪化の波を受け、地場産業の衰退を招き、地域固有の財産ともいうべき独自性が失われ、地域全体を東京などの都心部の粗悪な模造品のようにしてしまったのです。

結果として若者の地方離れはかえって加速しました。都会にあるのと同じような会社で働くならば、都会へ行って働いたほうが給料も良くいい暮らしができる、将来幸せになれるというイメージを抱いた若者たちが地元を離れていくのです。地方は仕事がないとよくいわれますが、独自性を失い都会の模倣に走った結果、どこも同じなのであれば便利で華やかなほうを選ぼうという普通の感覚が人材流出を招き、産業を衰退させているのです。だからこそ、地方自治体も地方の企業もそこでしか得られない魅力的な環境や仕事をつくり出すしか生き残る道はないのです。

競争なき延命が衰退を招く

地方の中小企業を追い詰めている地方の衰退は、日本全体の産業の衰えと決して無関係とはいえません。ジェトロによると、現実の為替レートで換算すると2001年に韓国の2・4倍だった日本の平均賃金は、その差が大きく縮小してきました。1980年代に「ジャパン・アズ・ナンバーワン」ともてはやされた日本経済絶頂期の面影など、どこを探しても見当たりません。

2019年に公益財団法人全国中小企業振興機関協会が公表した「人口減少下におけ

る中小企業のあり方に関する調査」では、中小企業・小規模事業者が経済や住民の生活環境に与える影響は地方になるほど大きいと調査の背景が述べられています。さらに、人口減少に伴う需要減少、構造的な労働力や人手不足、ＡＩなどを活用した技術革新の加速などから大きな影響を受け、中小企業の二極化が顕著となっていると指摘されています。生産性・競争力が低い中小企業の維持・存続が難しくなり、中小企業群が弱体化するという悪循環に陥っているというのです。

衰退を招いた理由の一つとして、企業に対する過剰な保護、救済措置が挙げられます。日本では政府が厳しい規制を設けて産業を保護したり、手を差し伸べて無理やり延命させようとしたりする傾向が見られます。コロナ禍でも、本来は倒産、廃業するはずだった企業が、銀行のゼロゼロ融資や雇用調整助成金などで延命ができました。一見するとありがたい政策であると賞賛すべきように思われますが、私は政府による過保護が結果として企業の成長を阻んできたと考えています。日本の、弱者に合わせて平等を維持するという考え方では、国内での格差はなくなったとしても他の先進国との格差は開く一方です。

ビジネスの世界では競争力という言葉が使われます。魅力ある製品やサービスなどを販売、供給することで競争を勝ち抜き、競争でもまれた企業は鍛えられさらに成長していけるのです。競争がない業界では進歩は生まれません。成長も進歩もなく、ただ生き残るために政府の救済の手に頼ることが当たり前になっている環境では、国際的な競争力も下がる一方となるのはなんら不思議ではありません。

日本はとかく、競争力の弱い地域や産業を保護しよう、保護しなければならないという方向に向かう傾向があります。過度の競争を避けて産業や自治体を保護する日本政府の政策は、事業者や自治体に安心と安定をもたらす代わりに、生き残るための自助努力をかえって削ぐ副作用がありました。

代表的な政策が補助金です。補助金はカンフル剤にたとえられるように、あくまでもその場しのぎの一時的なもので、抜本的な解決策がなければ企業の成長には結びつきません。ある程度の経済的な犠牲は覚悟したうえで、新たな産業が育つ環境を、国を挙げて整備するという発想で物事が進まず、それを国民も許してきたわけです。

日本の地方は、良くも悪くも税金を補助金や公共事業に変えて分配する政府の政策によって支えられてきました。対症療法の悪循環から抜け出さなければ、さらなる衰退が待ち構えています。

その場しのぎでなく、発想の転換が必要

まちづくり専門家の木下 斉氏は、地方創生に必要なのはおカネそのものではなく、おカネを継続的に生み出すエンジンであると指摘しています。継続的な利益を生み出す事業なくして地方創生はあり得ません。地域の人々の雇用が地域内での消費を活性化させ、新たな市場や産業を生み出していく好循環こそが地方を創生するために必要なものです。

窮地に立つ地方が再生するための考え方として、マイナスをプラスに転換する発想があります。例えば、高齢化が進んでいるからこそ当事者として問題に真摯に向き合うことで、解決策を確立した先駆者となることができる、といったことです。今後、多くの先進国が日本と同程度の高齢化率に達すると予測が立てられているため、日本が先に解

決を実現できれば、解決モデルを輸出したり、グローバル企業に売り込んだりすることも不可能ではありません。

特に高齢化の進む地方では高齢者雇用の問題に着目することもできます。人生100年時代といわれる昨今、働く意欲のある高齢者を積極的に活用しようとする動きが生まれ、政府は2013年に施行した「高年齢者等の雇用の安定等に関する法律（高年齢者雇用安定法）」で、2025年4月からは65歳までの雇用確保を義務づけました。65歳までの定年延長とそれまでの継続雇用制度（雇用延長・再雇用制度）の導入、定年制の廃止のいずれかの対応を必ず実行しなければなりません。都市部に比べ高齢化率の高い地方は、よりその課題に向き合うことを求められる課題先進地です。心身ともに元気な高齢者が少なくない今、地方が時代の先端を走ることも十分あり得るのです。

ただし、こうした発想の転換に基づく取り組みを行ううえで重要なことは、窮地にある当事者自身が先頭に立ち、まず自分自身が変わる覚悟をもって臨まなければならないということです。地方で深刻な高齢化問題についていえば、私は、この点において日本はまだ本気になれていないと感じています。第三者的な分析や研究に基づいた表面的な政策に終始し、自分自身が身を切ってでも状況を変えようという切迫した当事者意識がまだ欠けて見えます。安全地帯から遠巻きに提示する課題解決はしょせん他人ごとで、問題の本質をとらえない、実態に合わないものになりかねません。

これは、私たち地方の中小企業をとりまく地方の衰退においてまったく同じことがいえます。地方の活力を生み出すのは同じく窮地にある地方の中小企業の果たすべき役割でもあるのです。

その場しのぎの補助金に甘えて思考停止に陥っていてはいけません。地方だから中小だからという逃げ腰の言い訳をやめ、地方の中小企業だからこそ日本を、世界を変えていくという意識に切り替えて挑戦を始めなければ、何も見えてこないまま生き残ることすらできなくなってしまいます。

私は地方の産業廃棄物処理業者として、毎日大量に運び込まれる産業廃棄物をすべて社会にとって必要なものとしてお返しする、私たちの会社ならではの「ゼロ・エミッション」の活動に乗り出しました。この発想の転換が、本当に現状を打破する解決策として正解なのかどうか、まだ答えは出ていません。ただ、変わらなければ生きていけないのであれば、誰よりもまず自分が変わろうと思ったのです。

第2章

地球環境へ貢献し、新たなビジネスチャンスを生む
地方中小企業が
「ゼロ・エミッション」に取り組むべき理由

大量廃棄時代の新しい循環の形

ゼロ・エミッションとは、1994年に国際連合大学が提唱した「廃棄物のエミッション（排出）をゼロにする」という考え方です。ある産業での事業活動で排出された廃棄物を別の産業が再利用することで、廃棄物の埋め立て処分量ゼロを目指します。日本では廃棄物対策とリサイクル推進について定めた循環型社会形成推進基本法（2000年施行）で、達成目標として定められました。

2050年までのカーボンニュートラル実現を時の菅　義偉総理大臣が宣言したのは2020年10月です。2021年4月には国際的な場で「野心的な目標として、2030年度に温室効果ガスを46％削減する（2013年度比）ことを目指す」と表明しました。

世界では、もはや循環型経済への移行が不可欠との認識が広まっています。気候変動対策の一環として温暖化ガス排出量を削減するため、ガソリン車からEV（電気自動車）へ、火力発電から風力、太陽光発電などの再生可能エネルギーへの転換が進められています。

2021年に岸田政権に移行してからは、「新しい資本主義」の柱の一つに気候変動問題への対応を位置づけ、脱炭素社会に向けた「クリーンエネルギー戦略」の策定と「アジア・ゼロエミッション共同体」構想を打ち出しています。

構想では再生可能エネルギーの普及に加え、先進的な技術を活用した「ゼロ・エミッション火力発電」が推進されます。主要国がゼロ・エミッションの実現に向けて、急ピッチで各種政策に取り組むなかで、日本でも特にアジアの脱炭素化に貢献し、技術標準や国際的なインフラの整備をアジア各国とともに主導していく考えを示しました。

産業廃棄物業界の将来は、カーボンニュートラル、循環型経済、ゼロ・エミッションを抜きにして考えることはできません。廃棄物が増えれば増えるほど、廃棄物を処理する際により多くの温室効果ガスが排出され、地球温暖化を加速させるからです。

人間の体内で血液を心臓から送り出す動脈と、血液を心臓へ戻す静脈がうまく連動しないと機能不全を起こすように、製造業など製品を生み出す動脈産業と静脈産業もうまくバランスをとらなければ持続可能な社会はつくれません。産業廃棄物業界は静脈産業です。

20世紀の大量生産・大量消費時代は、大量廃棄の時代とも言い換えが可能です。経済成長を優先した結果、動脈産業ばかりが肥大し、回収や処理が追いつかず、環境などさまざまなものを犠牲にしてきた時代を経て、新しい循環の形が求められているのです。ゼロ・エミッションを実現できれば、廃棄物は減少し、廃棄物を処分する際に発生していた温室効果ガスの排出量を削減できます。100年、200年後の世界を生きる次世代の子どもたちに地球を受け渡していくためにも、ゼロ・エミッションは重要な取り組みなのです。

CO_2排出実質ゼロの流れに乗り遅れるな

国連サミットは2015年9月、持続可能な開発目標（SDGs）として17のゴールと

169のターゲットを定め取り組んでいくと採択しました。以来、短期的な利益を追求するために生産活動をするのではなく、環境や社会に配慮しながら長期的な視点で活動することが企業に求められるようになりました。

企業がSDGsを達成するため、具体的に取り組むべき課題をESGと呼びます。環境(Environment)と社会(Social)、ガバナンス(Governance)の略で、従来、財務情報に反映されにくかった視点も、企業の価値を測るうえで含まれるようになった点では画期的な変化です。

ESG投資という概念でも示されているように、投資家たちが環境の視点も踏まえて投資するか否かを決めるので、企業にとっては一大事です。投資対象の選択基準として「ポジティブスクリーニング＝環境や社会に良い影響を及ぼす企業、業種を選ぶ方法」「ネガティブスクリーニング＝環境破壊や社会に悪影響を及ぼす企業、業種を除いて選ぶ方法」も生まれました。

CO_2排出「ネットゼロ」を目指す企業も増えてきました。ネットゼロとは、自社のCO_2排出量だけではなく、その製品のサプライチェーン全体のCO_2排出量を実質ゼロにすることです。2020年には、アメリカのApple社が世界に先駆けて、2030年までにサプライチェーンのすべてでカーボンニュートラルを達成すると宣言しました。追随する動きは続々と生まれており、日本のメガバンクも2050年までにネットゼロにすると約束しています。

経済産業省は、経団連やNEDO（新エネルギー・産業技術総合開発機構）と連携し、2050年カーボンニュートラルの実現に向けたイノベーションに挑戦する企業をリストアップし、投資家などにとって有益な情報を提供するプロジェクト「ゼロエミ・チャレンジ」に取り組んでいます。2021年10月には、上場・非上場企業あわせて約600社の「ゼロエミ・チャレンジ企業」が発表されました。

例えば大手総合化学メーカーの旭化成は繊維くずを発電の燃料として再利用するなど、工場から出る廃棄物も徹底的にリサイクルを進めています。他の廃棄物も含め、ほぼ100％のゼロ・エミッション化率（2016年度実績99・8％）を達成しています。

飲料大手のサントリーも「サントリー天然水」第4の水源として2021年5月から稼働し始めた長野県の工場で太陽光発電設備やバイオマス燃料を用いたボイラーの導入、

再生可能エネルギーに由来する電力の調達などにより、CO_2排出実質ゼロ工場を誕生させました。

もはや流れに乗り遅れるわけにはいきません。ゼロ・エミッションが企業の当たり前になっている日はいつか必ず訪れるのです。

産廃業者に追い風となるSDGs

私たちのような産廃業者はSDGsと密接に関わっています。持続可能でより良い世界を目指す17の国際目標のうち、私たちの会社が特に目指すものを9つ掲げました。

- ゴール5　ジェンダー平等を達成し、すべての女性及び女児の能力強化を行う
- ゴール7　すべての人々の、安価かつ信頼できる持続可能な近代的エネルギーへのアクセスを確保する
- ゴール8　包摂的かつ持続可能な経済成長及びすべての人々の完全かつ生産的な雇

用と働きがいのある人間らしい雇用（ディーセント・ワーク）を促進する
・ゴール9　強靱（レジリエント）なインフラ構築、包摂的かつ持続可能な産業化の促進及びイノベーションの推進を図る
・ゴール10　各国内及び各国間の不平等を是正する
・ゴール11　包摂的で安全かつ強靱（レジリエント）で持続可能な都市及び人間居住を実現する
・ゴール12　持続可能な生産消費形態を確保する
・ゴール15　陸域生態系の保護、回復、持続可能な利用の推進、持続可能な森林の経営、砂漠化への対処、ならびに土地の劣化の阻止・回復及び生物多様性の損失を阻止する
・ゴール17　持続可能な開発のための実施手段を強化し、グローバル・パートナーシップを活性化する

いずれも「資源の創出を通して、人と環境を育み豊かな未来づくりに貢献する」とい

う私たちの会社のスローガンと深くつながっています。

基本的に、企業が生産活動を活発にするほど産業廃棄物の排出量は増えます。1955年には621万トンだった日本の産業廃棄物の排出量は、2000年には4394万トンまで増えました。人間の生産活動が、地球温暖化や、集中豪雨、台風、干ばつといった気候変動を引き起こしています。深刻な気候変動は、農作物の収穫量や漁獲量の減少にもつながり、急激な世界の人口増加と相まって食糧不足に陥ることが懸念され、持続可能な社会の構築は待ったなしの社会課題になっています。

新たなものをつくり出すよりも、今あるものをどう活かすかが重視されるようになってきた社会で、中間処理を担う産廃業者は極めて重要な役割を担っています。循環型社会をつくるためのキーワード、3Rは、①発生抑制（リデュース・Reduce）、②再使用（リユース・Reuse）、③再生利用（リサイクル・Recycle）の3つの頭文字を取ったものですが、産廃業者はリデュース、リユース、リサイクルすべてに関わる産業です。SDGsは、産廃業者にとってまさに追い風であるのは間違いありません。

私たちはグループ会社全体で、産業廃棄物の処理を中心に、不用品や粗大ゴミの回収

廃棄物を破砕処理して、再生路盤材（上）や園芸用資材（下）にリサイクルしていく

から空き家の解体、建築系廃棄物の再資源化、住宅のリフォームなどを手掛けていますが、どの事業会社も廃棄物や廃棄物になり得るものを顧客から預かり、世の中に有用なものとして返す事業です。全事業を社会課題の解決に関連づけて、ゼロ・エミッションの実現を目指しています。

グループ会社の一つでは、古瓦を破砕処理してテコラというチップ材を作っていて、岡山県エコ製品に認定されています。砂利よりも吸水性に優れ、テコラを地表に敷き詰めると雑草が生えにくいといった特徴をもち、庭やプランターに敷く素材として活用されています。そもそも瓦は良質な土を原料にしているため、環境に優しい素材です。テコラのように、潜在的可能性を活かす技術と機会に恵まれれば、廃棄物は価値あるものに生まれ変わるのです。

廃プラの再生活用は喫緊の課題

産廃業界がゼロ・エミッションへと向かわなければならないことについては、外部要因があります。２０１７年12月31日から、中国が粗悪な廃プラスチックや日本国内でリサイクルが困難な雑品と呼ばれる金属類の輸入を停止したことです。１９８０年代以降、中国は日本や欧米、欧州などの国から廃プラスチックや古紙などの資源ゴミを大量に輸入し、リサイクルしてきました。しかし、中国国内の廃棄物が急増するなかで、処理能力が追いつかなくなり、中国政府は輸入禁止を決めたのです。

中国の決定は、日本の産廃業界を大きく揺るがしました。２０１７年時点で日本は香港、アメリカに次ぐ世界第３位の廃プラスチック輸出大国で年間１４３万トン（２０１７年）を輸出し、中国に約半分を輸出していたからです。日本や他の先進国はマレーシア、タイ、ベトナム、台湾に廃プラスチックの輸出先を変えました。しかし、新たな受入国でも廃プラスチックが急激に増加し、各国の処理能力が不足し、それらの国・地域も続々と輸入規制を導入したのです。

廃プラスチック（を含めた廃棄物）は、どこかで誰かが処理しない限り、消えることはありません。物質的、経済的豊かさを享受してきた社会のしわよせが、多くの人が知らない場所で生まれているのです。マレーシアのヨー・ビーイン環境相は２０１９年、日本やアメリカからマレーシアに不法輸入された3000トンものプラスチック廃棄物を送り返すと発表し、廃棄物を他国に押し付けようとする先進国を批判しました。

「マレーシア国民も他国の人々と同じように、きれいな空気、きれいな水、健全なる環境のなかで生きる権利をもっている。決して世界のゴミ捨て場にはならない」

処理し切れず、野外に放置されたプラスチック廃棄物は、風雨にさらされて、やがて海に流出します。地球上では今も、年間800万トンが新たに海に放出されていると考えられています。

この状況が国際的にも問題視され、2019年5月のバーゼル条約の締約国会議は、有害廃棄物の越境移動を規制する対象品目に汚れた廃プラスチックを追加する条約改正案を採択し、日本は廃プラスチックの再生利用や焼却、埋め立てを自国内で完結させなければならなくなりました。私たちにとってSDGsは理想論ではなく、産業全体として取り組まなければならない喫緊の課題になったのです。

2018年6月、環境省がプラスチック資源循環戦略小委員会の設置を決めるなど、脱プラスチックの動きは政府主導でも進んできました。日本は使い捨てプラスチック包装容器の1人あたり廃棄量が世界で2番目に多く、環境保護の観点から、脱プラスチックの動きが世界的に加速するなか、日本も後れを取るわけにはいかないと、2020年7月にレジ袋有料化が始まりました。消費者の環境意識を高め、マイバッグを携行する習慣が浸透するなどライフスタイル変革を促すという狙いでレジ袋の国内流通量は約20万トン（2019年）から約10万トン（2021年）に半減しました。

しかし日本から毎年排出される廃プラスチックのうち、レジ袋が占める割合は2％程度といわれています。プラスチック廃棄物全体の量から見ればごくわずかです。

実際、廃プラスチックのうちはるかに多くの量を占めるのがペットボトルです。瀬戸内海に面する私たちのグランピング施設の砂浜には毎日のように廃棄物が漂着していて、大半がペットボトルです。

廃プラスチックを本気で削減するのであれば、ペットボトルや使い捨ての弁当容器を禁止する法律をつくるほうが確実です。が、そもそもこの問題は造る側の話だけではなく、使う側のモラルにもつながる問題です。プラスチック製造業も日本経済を支える重

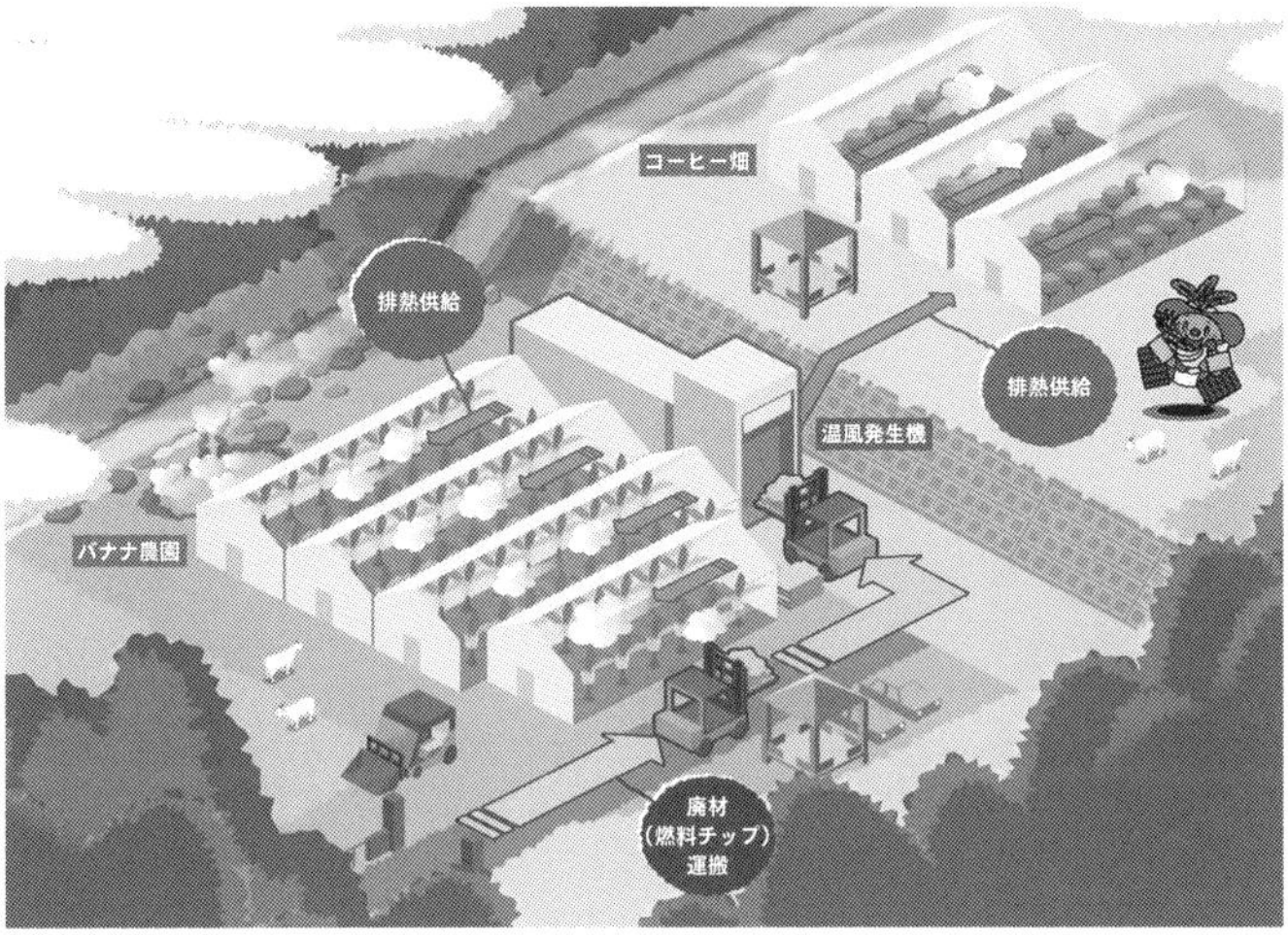

要なマーケットですから、共存の道を模索する必要があり、レジ袋有料化はそういった意味で社会に生きる私たちの環境に対するモラルに問いかける政策だと私は考えています。

いくら社会的にすばらしい取り組みをしていても、企業である限り経済性が伴っていなければ持続可能ではありません。私たちは、すべての廃棄物に付加価値を見いだして活用するゼロ・エミッションに経済性を伴わせることで、社会課題解決に貢献する道を模索しています。

私たちは廃棄物の処理を進めるにあたって、単なるリユースやリサイクルにとどまらず、廃棄物を使ってエネルギーを自分で調達し、農産物などを生産する取り組みも進めています。岡山県瀬戸内市の牛窓町で自社が運営する農園「エコタンファーム」での実践がその手始めにあたり、熱源、電気、天然水を自ら用意して、ゼロ・エミッションの実現を目指しています（前ページは施設のイメージ図）。

▽熱源

・トラックで燃料運搬

解体作業の際に出る木材を破砕した廃木材チップを主とする燃料を、自社農園「エコタンファーム」まで運搬します。そこでは1日約20㎥分の廃木材チップを燃料として再利用しています。

・温風発生機に投入

温風発生機に投入した廃木材チップを約800℃以上で燃焼させ、温風を発生させます。

・ハウス内に排熱
ハウス内から取り込んだ空気を、炉内で熱された鉄板を中継して再度排出することで循環させます。この空気循環によりハウスが加温されます。化石燃料である重油は原則燃料にしません。

▽電気
・敷地内に敷設した太陽光パネルで自家発電しています。

▽天然水
・山の地層フィルターにより不純物が濾過され、ミネラルを豊富に含んだ天然水を深井戸から汲み上げ、バナナに与えています。私たちも飲用水として利用していて、本当においしい水です。

熱源、電気、天然水を使って農作物などの食品生産と宿泊事業に乗り出しています。

・無農薬栽培のバナナ

一般的なバナナ栽培では、害虫や病気を予防するために農薬や殺菌剤、防腐剤が使われますが、私たちは人が細やかに管理することで農薬を使わない栽培を実現しています。現在230本あるバナナの木を一本ずつ観察し、栄養が行き渡るように不要な株や葉を剪定しています。土づくりにも薬剤や化学肥料はいっさい使用しません。有機100％の肥料や堆肥を使い、培養土と真砂土を独自の配合で混ぜ合わせた土壌で大切に育てています。

バナナの木も生き物です。バナナがより元気に育つように、毎日、ハウス内にクラシック音楽を流して明るく穏やかな環境をつくっています。

・無農薬栽培のコーヒー

アラビカ種の一種であるティピカ種のコーヒー豆を栽培しています。最も古い、アラビカ種のなかで原種といわれるティピカ種は耐病性が低くとても育てにくい品種です。そのため現在でも、コーヒー豆全体の0・01％と流通量が極めて少ない希少品種でもあります。しかし、豆は本当にきれいで、上品な酸味と際立った風味が特徴です。バナナと同様、完全無農薬栽培で育てています。

・エビの養殖（2023年8月スタート）
温風発生機を冷却する際に排出される温水を有効活用し、エビの養殖を始める予定です。

・バーベキュー、グランピング施設
不要となった廃材を利用し、建設しました。

・カフェの運営
自社農園で栽培したバナナのフィナンシェやケーキ、コーヒーを提供するカフェをオープンしました。

エコビレッジ事業はゼロ・エミッションの進化形

自社農園を発展させ、ゼロ・エミッションの考え方のもと、社会課題を解決するビジネスの方法論の一つとしてビジョンに掲げているのがエコビレッジ事業です。いわばゼロ・エミッションの進化形の事業で、以下の3本の柱を軸にしています。

1、環境問題の解決に貢献

廃棄物を発電ボイラーの燃料に使用し、生産した再生エネルギーを自社工場や事務所で電気として利用する。その過程で生まれる排熱も資源として有効活用することで、環境への負荷を軽減する。

2、高齢者問題の解決に貢献

高齢者の雇用を生み出し、いきいきと充実した暮らしを送れる高齢者を増やす。高齢者の健康寿命を延ばし、社会保障費の増大解決への一助となる。

3、地方の過疎化の歯止めに貢献

エコビレッジで雇用を創出し、主に若者の農業離れ、地方の過疎化の進行を食い止める。やりがいある仕事を提供し、他の地方、他府県からも応募してくるような施設にする。産業が生まれ、雇用が生まれ、人が集まる。エコビレッジ事業の先駆けとして取り組んでいるのが、自社農園「エコタンファーム」である。

日本では少子高齢化が問題になり、社会保障費は年々増加しています。2000年には現役世代（20～64歳）3・6人で高齢者（65歳以上）1人を支えていましたが、2025年には2人が1人を、2050年には1・4人が1人を支えるようになります。世代間の不均衡が著しい水準に達しており、社会保障費の財源不足が懸念されています。

高齢者が増えていることが悪いとされ、ともすれば「社会のお荷物」として見られることもあります。しかし、その指摘は本質的ではありません。年を取っても元気で仕事を続けられる高齢者であれば、その労働力で社会に貢献できます。長年働いてきた彼らの知恵やノウハウは、社会の財産でもあります。

そもそも昨今、60代、70代でも若者並みに元気な高齢者はたくさんいます。高齢者の孤立化も問題視されていますが、彼らに仕事の場を提供することで、生きがいを提供できると私は信じています。

実際、私たちはすでに分別や清掃、廃棄物の分解作業といった業務を担う従業員として8人（65歳以上）の高齢者を雇用していて最高齢は75歳です。自由に来て自由に帰るフレックス制を取っています。

中小企業経営者のなかには、高齢者雇用などの社会課題は政府が解決する問題であり、自分たちが考えることではないと言う人もいます。高齢者雇用は余裕がある企業だからできているのであって、自分たちにはできないという見方をする人もいると思います。しかし、社会課題を解決して社会貢献することをビジネスチャンスととらえたほうが、地方の中小企業の可能性が広がるのです。

大企業はブランド力のおかげで社会課題の解決をアピールしやすいのですが、地方の中小企業では手をつけられないところがほとんどであるからこそ、社会課題の解決に着手すれば他社との差別化につながり、中小企業で働く動機づけになります。それは有形無形に自社の価値を上げていくのです。

現時点では、エコビレッジ事業はまだ緒に就いたばかりですが、今後は農場に水撒きを担当する高齢者や野菜畑を手入れする高齢者など、雇用の幅をさらに広げることができると見込んでいます。

ゼロ・エミッションは、企業にとってビジネスチャンスです。果敢に挑み、事業活動を通して人や地域に貢献することで企業の価値は生み出されます。もちろんお金は必要ですが、あくまでも目標を実現するための手段に過ぎません。「売り手に良し、買い手に良し、世間に良し」を示す「三方良し」を実現することは非常に重要で、「三方良し」はビジネスと社会課題の解決を両立させたSDGsの原型ともいえます。

グループ全体で売上35億円ほどの私たちにとって、将来のビジョンに掲げるエコビレッジ構想はトータルで50億円もの資金を必要とする一大事業です。勇気がいりますし、どのくらいの期間で投資を回収できるか緻密に計算しようとしても答えは出ません。真剣に考えても計算できなかったというわけではなく、あまりにも読めない部分が多過ぎるからです。しかし、新たな道を切り拓く可能性は十分あります。

社員の熱量が上がり働く動機づけに

現在エコビレッジ事業のモデルケースとして牛窓町に展開している自社農園「エコタンファーム」の計画段階で、使っていない土地があると地元の人から声が掛かりました。以来、木々の生い茂る土地を整備し、まったく使われなくなっていた倉庫をリノベーションして管理棟にし、バーベキュー施設やグランピング施設を建設して、幅広い世代が楽しめる場所に生まれ変わっています。

思い描いている完成形までの道のりはまだ遠く、今後も新しいものをどんどん継ぎ足していく予定です。この牛窓町に展開する事業が予定どおり進まなかったとしても、新たな気づきがあったり、次のビジネスへのステップになったりと一連の経験が無駄にならない確信があります。

この取り組みで収益は上がっていませんが、1年ほど前から目に見えない効果を肌で感じています。それは企業のイメージアップや社員の仕事に対する誇り、帰属意識の高まりです。

面接に来る学生たちが口々に、「社会課題の解決を目指す取り組みに共感した」と言い、社員の家族も取り組みを紹介する動画を見て、「すばらしい」と言ってくれます。地方の中小企業は、なぜこの企業で働くのか、志望者や社員の動機づけが難しいのですが、社会課題の解決に取り組み始めると、身近な環境を一段超えた大きな視野で働く動機づけができるのです。社員が大きなステージでものを見るようになったと経営者として実感しており、社員の熱量が上がったのが伝わってきます。社員が喜びと誇りをもって働けるようになったと感じます。

ユニークな取り組みをしていれば、場所にかかわらず人は集まるものです。最近も、サステナブル（持続可能）な取り組みに共感して応募してきた30代の主婦と青年を採用しました。魅力ある人を集め、魅力ある場所をつくることが、過疎化などの地域の社会課題を解決する第一歩です。

地方の中小企業がこうした挑戦をすることは勇気がいります。私たちの会社も、自社に入ってきた廃棄物に関してだけ、循環の取り組みを実践しているに過ぎません。しかし、岡山の地でゼロ・エミッションの理想に向かって事業を進める経営者の輪が広がっていけば、地方の中小企業のイメージアップや社員の帰属意識の高まりに加えて、さらに目に見えない効果が表れる気がしています。

第3章

「ゼロ・エミッション」の第一歩は
40年前の鉄くず回収……
社会課題を解決することがビジネスになる

仕事や人生に対する姿勢がつくられた頃

ゼロ・エミッションという社会課題の解決の事業化にたどり着くまでには、紆余曲折がありました。経営者として常に成長し、変化していかなければ、事業は継続させることができません。折に触れ、さまざまな人たちから学ぶという、仕事や人生に対する姿勢は子ども時代の経験が土台になっています。特に父との関わり抜きには、今なぜこの仕事をしているかは語れません。

子どもの頃の私はとにかく不器用でパッとしない存在でした。食事では気をつけていてもボロボロとこぼしてしまい、焼魚なども上手に食べられません。へまをするたびに父から怒鳴り声が飛んでくるので、食事の時間は私にとって苦痛でしかありませんでした。とにかく、早く食べ終わりたい一心で食卓に向かっていたので、家族での食事が楽しかった記憶はまったくありません。

小学生の頃の私は身体が小さく、引っ込み思案でおとなしい性格でした。小学生の社会は実に単純で、身長が高い子やけんかが強い子、勉強またはスポーツが得意な子がリーダーシップを発揮するものです。この頃の私の目からは、生まれつき足が速く、生まれつきリーダーシップを身につけていて、勉強ができるのも生まれつきではないかと思っていました。後天的な努力ではなく、先天的な才能によって力関係が決まると思っていたのです。人間は見た目などが理由でいじめられることもあるという現実が、私のなかに眠っていた反骨心を呼び覚ましました。私の心のなかに挑戦的な気持ちが芽生え始めたのです。

父は私の人生に大きな影響を与えた人です。ザ・昭和の親父という人物で「男は野球をして東商（岡山県立岡山東商業高等学校）に行って甲子園を目指すべきだ」という凝り固まった考えをもっていました。

私は小学生の頃は卓球が得意だったので、中学校で卓球部に入ろうとしたのですが、父に反対されて野球部に入れられました。私は野球が好きでもなかったので、練習に身が入るわけもありません。レギュラーの座を獲得できぬまま、2年で退部することとなったのです。

一つでも自分の強みを手に入れようと、勉強は一生懸命していたので進学校に入学するだけの学力はついていたのですが、またも「親父ブロック」に遭いました。中卒の父は大学なんか行かなくていいという考え方の持ち主で、私は商業高校に行かざるを得ませんでした。

高校入学後、念願かなって卓球部に入部したものの、空白の3年間が重くのしかかっていました。周りの経験者との差を埋めようと自主練習にも努めましたが、結局、レギュラーの座をつかむことはできませんでした。同級生7人で補欠は2人だけです。もう1人もまた、高校から卓球を始めた人でした。

とはいえ、はなから勝負を諦めていたわけでもなく、自暴自棄になったこともありません。補欠でしたが3年間練習して部活を全うしました。

当時の私にとっては父の言うことがすべてでした。もし父親から東大へ行けと言われていたら、東大に行くために勉強に励んだはずです。親ガチャという言葉が流行っていますが、生まれもった容姿や能力、家庭環境によって人生が大きく左右されるという認識は、私のなかに植え付けられたのです。

かなり偏った価値観をもっていた父は、私にとって反面教師でもあります。往々にして偏っている人には、その自覚はないものです。私自身もそうならないように、日頃から意識しています。

難航した就職活動

若い頃から私は、華やかな世界とは縁のない人間でした。夏休みなどの長期休みになると、居酒屋のようなにぎやかなところでアルバイトをする同級生も多かったのですが、小柄で幼い容姿の私は採用されませんでした。そのため新聞配達のアルバイトは、やむを得ず選んだ仕事でした。

高校3年生になると就職活動を始めました。商業高校だったこともあり大学進学率は低く、同級生の多くがどこかの会社に就職していきました。といっても何が得意分野なのかも分かりませんし、やりたいことが定まっているわけでもありません。私が志望したのは、大丸やダイエーなど大手小売会社の営業職です。女性が多く働いていて、華やかな世界に見えたのです。しかし、就職活動ではどこからも採用通知は届きませんでした。

落ちた理由が分からないというのはつらいもので、自分がどう頑張ればいいのかも分かりません。周りが当たり前のように内定を勝ち取っていくなかで、もともと心もとない自分への信頼がますます揺らいでいきました。

結局、近所にある食品トレーの配送会社から内定が出たのは卒業する直前のことです。自分は必要とされていないという挫折感や恐怖心は、私の心のどこかに棲みついていきました。

稼げる仕事だった鉄くず回収

私の両親は、父が23歳、母が18歳のときに結婚しました。父は女3人、男3人のきょうだいの5番目で、兄2人は岡山市内で鉄くず回収業を営んでいました。営むといっても、リヤカーやオート三輪などで鉄くずを集める個人事業主です。

鉄くずは鉄スクラップとも呼ばれ、電炉メーカーで溶解され、新しい鉄製品として生まれ変わります。鉄くず回収業は日本が高度経済成長を成し遂げるうえでは欠かせない、縁の下の力持ちだったのです。

もともと私の祖父は、岡山県内にある炭鉱で働いていました。しかし、エネルギーの主役が石炭から石油に変わっていく時代を経て、祖父は材木を切る仕事で生計を立てるようになりました。私の父も含めた3兄弟はその仕事を手伝っていましたが、近代化に伴い仕事は減っていきました。結果としてたどり着いたのが鉄くず回収業です。

兄たちに誘われ、父がタクシー運転手から鉄くず回収業に転身したのは1967年、私が3歳のときのことです。父は、中古のトラックと集めてきた鉄くずを保管するための土地100坪を購入し、個人事業主として仕事を始めました。

あまり儲からないような仕事に思われるかもしれませんが、当時の鉄くず回収業はかなり実入りのいい仕事でした。廃棄物回収やリサイクルのルールが整備された今では考えられませんが、道端に置いてある段ボールや壊れた自転車などは持ち主からタダか安く譲り受けるものでした。もちろん、鑑定業者のように、重量や値打ちを目利きし、その場で価格交渉して買うものもありました。

当時、鉄くずは1トンにつき5万円前後で鉄鋼問屋に買ってもらえました。廃車にする自動車を仕入れて売却すればそれだけで約5万円（現代の貨幣価値では約20万円相当）の売上になります。どこかの田舎まで足を延ばし、放置されている自動車を見つけて持ち主に交渉するわけです。定価らしきものはなく、持ち主に直接、もし捨てているような状態であれば持っていってもいいかともちかけ、いくらか払うならいいぞといった具合です。その場ですべてを決めていたので利幅も大きかったのです。1台でも見つかれば、それだけでタクシードライバー1カ月分の収入を得られます。父としては、月給が3万円だったタクシー運転手に比べて効率よくたくさん稼げる仕事なのですから、選ばない理由はなかったわけです。高度経済成長期という時代も後押しし、父はそれなりの額を売り上げていました。

しかし私の記憶のなかに、家がそれほど裕福だった記憶はありません。なぜなら父は、稼いだ金を豪快に使っていたからです。子どもの頃は、父と母がよくけんかをしている光景を目の当たりにしていました。競艇や競輪が催される地域に行って鉄くずを回収し、近くで現金化しては、そのお金をギャンブルにつぎ込んでから帰ってくることもあったようです。

それでも私たちの生活がきちんと守られていたのは、父なりの仕事とお金に対する哲学があったからだと思います。

思考が人生を決定づける

私が父の営む金山修一商店で働き始めたのは1983年、19歳のときです。このときは、今振り返ればかなり余裕のある働き方をしていました。平日は午前10時から午後3時まで働き、昼食時間を除いた実働時間は4時間ほどです。仕事を終えたあとは父と一緒にトレーニングジム内のサウナに行き、午後5時頃には父は自宅に帰り、私は友人と遊びに行くのが日課だったのです。仕事時間が短かったのは、朝から晩までいっぺんにやってしまうと、次の日の仕事がなくなると父は考えていたからです。

私にとって、父の経営方針は物足りなくて仕方ありませんでした。仕事を増やそうと考えた私は名刺を持ち、スクラップのあるところに飛び込み営業に行きますが、簡単に仕事はいただけません。それどころか、その会社の取引先であるスクラップ会社からは父にクレームの電話が鳴ります。「金山さん、うちのお客さんを荒らすつもりかな」。それを受けた父からは「よそのお客さまを奪ったら、奪われる。むやみに営業に行くな」と注意されました。一生このまま小さな商店で終わるのかと、私は言いようのない閉塞感にとらわれたのです。

父は事業の規模を拡大しようとせず、私が入社するまで一人親方を貫いていました。家族を養える稼ぎを得られたら十分であり、わざわざ人を雇う必要はないという考え方の持ち主でした。父なりの主義主張があって、単にそういった部分に関する欲のない人だったのだと思います。

私自身は父親のスタンスが疑問でなりませんでした。なぜなら父とそれほど変わらない時期に創業して、当時年商１００億円を超える規模にまで成長していた鉄リサイクル業者があったからです。高校生だった私は父に、なぜあの社長と同じようにしないのかと尋ねたことがあります。私の問いかけに対して父は「あの人はそうなりたいと思ったからで、自分はそんなことを考えもしないし、したいとも思わない」と受け流されてしまいました。

それを聞いた私は、自分の人生をどうしたいのか考えること、つまり思考が自分の人生を決定づけていくことになるのだと気づいたのです。

そこで私は、鉄くず以外の産業廃棄物にも手を広げていくことに決めました。「神田産業」という新しい屋号を立ち上げ、トラックにも屋号のステッカーを貼って営業に回り始めました。それまでどおり午前10時から午後3時までは父と一緒に働いて、早朝と夕方に新しい屋号での仕事をしていました。

1980年代後半はまだ環境に対する社会の意識が低く、産業廃棄物という言葉も世間一般には知られていませんでした。リサイクル意識も今ほど進んでいなかったので、市内の埋め立て場に行けば今ほど完璧に分別せずとも格安で捨てられましたし、焼却基準も今ほど厳しくない時代です。

もう一つ、私が産業廃棄物を事業にしようと思った出来事があります。

ある日のこと、いつものようにある会社で鉄くずをトラックに積み終わり、あいさつをして帰ろうとしたとき、それまで口を利いたこともなかった社長から呼び止められました。

室内にソファや机、テレビなどが置いてあり、持っていってもらえないかと相談されたのです。どうやら処分に困っていたらしく、社長の申し訳なさそうな表情が印象的でした。私が当然のサービスとしてトラックに積み込むとその社長は表情を崩し、感謝の言葉とともに手間賃として1万円を手渡してくれたのです。

私は感動し、とても幸せな気持ちになりました。産廃業はお困りごとを解決し、喜ばれて対価がもらえるすばらしい仕事だと初めて気づいたのです。


父からは2つのことを教わりました。1つは、仕事を増やすのはいいが他人の仕事を奪ってはいけない、奪えば奪われるだけだということです。2つ目は事業を大きくしてはいけない、広げた屛風は倒れると言われたことです。当時の私には理解しがたいことでしたが、ようやく分かる年齢になってきました。その教えを胸に、今後も企業を堅実に成長発展させていこうと考えています。

仕事の原点に立ち返る

私がネットワークビジネスと出会ったのは、20代半ばのことです。本業のかたわらで毛皮のコートなどを売っていました。

本業の産業廃棄物回収業では、社員一人すら採用することができずに頭を悩ませていた一方で、ネットワークビジネスでは、自分の仕事を手伝う人間を集めることができました。自分の配下に人がいるという状況は新たな仕事へのやりがいにつながり、一人で仕事をしていたときより売上も伸びます。

しかも、彼らが商品を売った売上の一部が私の成績につながり、彼らが売れば売るほど私の利益となるのです。しっかり結果を出させるために、叱咤激励して彼らを動かしていました。

月収は数百万円に上り始め、やがて私は、産業廃棄物回収の仕事で地道にコツコツお金を稼いでいることが馬鹿らしくなり、産廃の仕事を辞めてしまったのです。

しかし、世の中はうまくできているものです。理念も哲学もない事業が長続きするはずはなく、ネットワークビジネスで稼いだお金はいっさい手元に残りませんでした。目が覚めた私は、改めて自分の原点に立ち返るべく、ネットワークビジネスから抜け出し、1995年に産廃の仕事を再開したのです。

私は1996年に株式会社インテックスを設立しました。会社の名前「インテックス」は、インターナショナルエクスプレスの造語です。世界に向けて急げという意味で、産廃でやっていくと決めた当時、のちに専務となる福井英二という私の同級生と、知人の紹介で入社し、今では副社長を務める宮ノ下臣夫とが仲間に加わっていました。

産業廃棄物の排出事業者に対して、安く請け負うから一度処理を任せてくれないかと交渉していきます。たいていの場合、いつも取引している業者に義理はあるものの、一度くらいならやらせてやろうという感じで注文を受けることができていました。

現状の取引価格を聞いて、2割くらい安い価格を提示するなど、金額もその場で交渉していました。先方も商売ですから、さらに安い価格を提示されたこともありますが、粗利を確保するよりも仕事量を増やすほうが重要だったので、要求を受け入れていたのです。

私たちのような20代の若者がやっている活きのいい会社が、安くより良いサービスを提供するならば乗り換えようという人が相次ぐようになり、私たちは着々と顧客を増やすことができました。

営業スキルを活かして急成長

資本主義で動いている世の中では、ライバルとの切磋琢磨により、一歩でも他社の先を行き、顧客から選んでもらえるような会社になることは前提条件です。理想をいえば、まだ世の中にない新しいサービスや商品をつくり出し、競争のない世界（ブルーオーシャン）で戦うという戦略もありますが、そう簡単に生み出せるものではありません。廃棄物の量（パイ）が決まっている既存の枠組みのなかで会社を成長させるのなら、他社から乗り換えてもらうことが必要でした。

スケールには雲泥の差がありますが、2000年代中頃に起こった「携帯ビッグバン」のような現象を私は岡山市の限られた地域で起こしていました。新規参入が認められておらず、NTTドコモ、KDDI、ボーダフォン（現ソフトバンク）の3社寡占だった携帯市場に、ソフトバンクが進出したのは2006年のことです。イギリスのボーダフォンを買収し、携帯電話事業に参入したソフトバンクが、低価格を売りに契約者を勢いよく増やしていった戦略に似たところがあります。

私たちはネットワークビジネスで培った営業スキルを存分に活かして、産廃事業の売上を6500万円から5年で8億円に、6年で10億円にまで成長させることができました。人件費や燃料代、減価償却費がどれくらいかかっていて、どの程度利益が出ているのかといった細かい計算もなく、どんぶり勘定で仕事をしていた当時、成長を支えていたのは若さと勢いでした。

成長を成し遂げられた理由は、ネットワークビジネスによってコミュニケーション力や営業力を磨いたことも一つですが、つまるところ、人間は本気になったら何でもできるという真理に尽きます。

心の底から実現させたいビジョンがあれば、睡眠時間が短くて眠たくても起きられるものです。午前3時に起き、妻を助手席に乗せて、トラックで2時間かけて70キロ離れた場所まで廃棄物を回収しに行ったこともあります。それで収益が上げられたからです。

当時私はすでに結婚しており、家族との時間などさまざまなものを犠牲にしていました。家事や子育ては妻に任せ切り、土日も祝日も関係なく働いていたので家族でどこかに出かけた記憶もなく、家族写真はほとんどありません。息子の七五三にすら行っていません。子どもの運動会や参観日に父親が学校に行くことは、むしろ恥ずかしいことだとすら思っていました。私が子どもの頃、父親が来ていることが理由で冷やかされていたクラスメイトを見ていたからです。

結局、朝が苦手で起きられない、人見知りだから営業できないというのは、言い訳であり甘えです。人間は本気になれば、言い訳を思いつく暇もなく行動に移すものです。

福井や宮ノ下の営業力によるところも大きかったですが、皆さんが仕事をくださったのは、それだけ真剣だったからだろうと考えています。

人材定着が課題

経営者の悩みはほぼ人に関することだ、とよくいわれますが、私の経験からもそれは確かです。会社の成長に伴い、自分たちだけでは仕事が回らなくなり、従業員も徐々に増やしていきましたが、人材に関する問題は常につきまとっていました。会社になかなか人が定着しなかったからです。ひたすら数字だけを追いかけている経営者のもとで働きたいと思う従業員などいるわけもないのです。

当時の私にとって、人材は代わりがいくらでもいるから補充すればいいという発想でした。借金を返済するために新しい仕事を取ってきて、自分たちだけでは仕事を回せないからトラックを増やして人を雇用して、ろくに教育もせずに仕事をやらせているうちに退職してしまうということの繰り返しです。このような状況は、しだいに私の心身をむしばんでいきました。

重ねてきた無理が臨界点に達したのか、ある時期を境に、出社しようとしても身体が重くて動けない状態になりました。針か何かで頭を刺されたような痛みが走り、夜中に突然目が覚めたことが何度もあります。健康で身体が丈夫だという自信は崩れ去りました。

何のために自分はがむしゃらに頑張ってきたのか、自分のやっていることは誰を幸せにして、どこに向かっているのかという問いが絶えず湧いて出て、答えを見つけられない虚無感が私の心を埋め尽くしていました。

いくつか病院を回り、精密検査を受けても原因は突き止められません。おそらくは心因性の症状だったのだと思います。半年ほど続いた痛みが解消したのは、ある整体の先生と出会ったことがきっかけです。私の話を聞いた先生から「身体の痛みは心の痛み。立ち止まって考えるときだ」と言われて、改めて自分のやってきたこと、おかれている状況を客観視して省みるようになり、症状は徐々に快方へと向かっていったのです。

盟友の旅立ち

1985年当時、両親が営む商店には事務所はなく、家族で食事をする自宅のリビングルームを事務所代わりに使っていました。ドライバー募集の求人を出しても誰一人応募してきません。このままこの商店で一生を終えるのかという言いようのない閉塞感に包まれていたとき、私が頼ったのが高校の同級生の福井英二でした。

私が産廃事業を再開したときにはすでに30歳にして、大手産廃処理会社で部署のリーダーを任されるほど順調にキャリアを積み、結婚して家庭も築いていた彼に向かって、私は一緒に働いてくれないかと説得しました。今は小さな商店でも、世に誇れる立派な会社にしたいのだと打ち明け、ぜひとも力が必要だと訴えかけたのです。

最初は本気にしていなかった福井も何度も頼むうちに気持ちが変わったようでした。さまざまな葛藤はあったと思いますが、大手企業を辞めて父と私の商店に入社すると決断してくれたのです。同時に副社長となる宮ノ下臣夫も入社してきました。

夢を語ってはいたものの、現実として払える給料は前職より悪く、ここに来てよかったと思えるような会社にすることが私の使命であり、彼らの恩に報いたいという思いが私を突き動かしていました。

互いに励まし合いながら約25年、さまざまな苦難を乗り越え、喜びを分かち合ってきた専務の福井と副社長の宮ノ下は盟友のような存在です。

福井は気配りができて、他人のために尽くせる人です。彼は経営者の集まりに入会していたのですが、事あるごとに他のメンバーに手紙やメッセージを送って、励ましていました。例えば何かの研修に参加する人たちに対して「勇気を出して挑戦されるんですね。陰ながら応援しています」「今回はありがとうございました。頑張っていきましょう」などと毎回、自筆で書いて一人ひとりに送っていました。骨の折れる作業だったと思いますが、そういったことに割く時間やエネルギーは惜しまない男でした。

専務取締役を務めていた福井は本来、リーダーシップが発揮できる人間ですが、2トップ体制にならないようにと参謀役に徹してくれていました。

福井ががんで緊急入院したのは2021年3月、エコビレッジ事業の構想を描き、さらなる飛躍を志していたタイミングです。多くの仕事を管理していた福井が抜けた穴は大きく、一時、社内は混乱を極めました。しかし、病室から指示を出し続けてくれたことで、社員らは徐々に落ちつきを取り戻していきました。

病床でもなお、福井は全社員に向けて感謝や励ましのメッセージをつづった手紙を書いて送っていました。退院後の自宅療養中も、オンライン社内会議への出席や書類の添削など、今できることに最善を尽くそうとする姿に、私や社員はどれほど勇気づけられたかしれません。彼の座右の銘である「今、ここ」の精神で、全身全霊で生きることの実践を目の当たりにしました。改めて、人間は逆境のときこそ、その真価を問われるのだと教えてもらいました。

闘病もむなしく、福井は2022年1月、帰らぬ人になってしまいました。彼が不在の今、私がどれほど彼に支えられていたかを痛感しています。

経営者とは何か

社員の定着や人材育成に悩んでいた私に、知り合いが株式会社日本創造教育研究所(以下、日創研)を紹介してくれました。中小企業の活性化を目的にした人材育成・コンサルティング会社であり、マインドセットからマネジメント、幹部育成、業績向上に至るまでさまざまなセミナーを実施しています。

紹介を受けた私は、突破口を見つけるべく8カ月間のセミナーに申し込みました。セミナーには毎回、ファシリテーターと呼ばれるアドバイザー役が同席しています。務めているのは実際に会社を経営している人たちです。個別の相談にも気軽に乗ってもらえる、いわば部活の先輩のような存在です。

カリキュラムの一つに、あるテーマについて10分間皆の前で話すプレゼンテーション訓練がありました。自社の経営理念やビジョンなどテーマは毎回違い、基本は自社の社員に対して、彼らのモチベーションを高められるようなプレゼンが求められます。その内容や話し方で、経営者としての考え方や態度が見透かされてしまうのです。「表情や身ぶり手ぶりに高圧的なものがある」「自分中心になっている」「社員に寄り添う言葉がない」というように、アドバイザーからは厳しい指摘が飛んできます。

そんなある日、プレゼンを終えると、思いがけない指摘をもらいました。

「経営と金儲けは違うぞ。あなたがやっているのは単なる金儲けだ。自分の金儲けのために社員をこき使っているだけだ。ちゃんと学んで、経営をしなさい」

そう指摘したのは岡山で有名な韓国料理店「ボクデン」を営む景山良康さんです。私が間違っていると言われたことは分かりましたが、景山さんの発言の真意はまったく分かりませんでした。商売は金儲けのためにするものだという前提を疑ったことがなかったからです。日常業務にせよ、従業員を採用するにせよ、たとえ嫌なことがあっても我慢できるのは、お金が儲かるからです。それ以外に理由があると言われても思い当たることはなく、不思議で仕方ありませんでした。

しかし時間が経つにつれ、私がこれまでに、経営者とは何かという問いと向き合ったことがなかったからだと徐々に分かっていきました。哲学や道徳、経営の本など、多岐にわたるジャンルの本を読んで6000文字程度に要約し、原稿用紙に書く課題を十数回と繰り返しているうちに、私の疑問は徐々に解けていきました。お金儲けは目的ではなく手段であるということを少しずつ理解していったのです。この気づきは、人生のターニングポイントとなりました。

痛みを伴う改革を推進

売上と収益を増やすために、いかに廃棄物をたくさんもらって効率よく片付けるかということしか頭になかった私のなかには、社員を人間的に教育するという概念がありませんでした。給料を払っているのだから働いてもらわないと困るという感覚で、より良い仕事をしてもらうために、車両の運転技術や専門知識を身につけるように求めているだけでした。私自身、人間的に成長したいという動機づけがなかったのですから、当然です。

しかしセミナーを通じて新たな視点を得た私は、劇的に変わっていきました。社員は会社の売上や収益を上げるために雇用する人間ではなく、会社の事業を通してともに人生を充実させていく仲間であるという気持ちが芽生えてきました。以前から、福井や宮ノ下ら経営幹部は私のパートナーと認識していましたが、社員はいくらでも替えが利く存在だと考えていました。そんな会社では、社員も会社に対して単にお金を稼ぐための場所としか考えないのは当然のことです。

学びを活かすための具体的なアクションとして、私は社員教育の内容を一新しました。朝礼を始めたり、研修で学んだことを社内勉強会で共有したり、大阪で開かれる3日間の日創研のセミナーに全社員を参加させたりしました。

研修に行かない人は辞めてもいいというほど極端な接し方をしたので、企業カルチャーの急激な変化についていけなくなった人は次々と辞めていきました。厳しい研修をいわば踏み絵のようにしたことで、1年間で40人中10人の社員が私の会社を去ったのです。

目指す事業領域は「社会課題解決業」

研修で役立ったことはいくつもありますが、そのうち一つが事業ドメイン（領域）を定めたことです。これは、事業という手段を通して、自分が経営する会社は何業かという事業の範囲を示すものです。

まず、父の商店で働いていたときは、単なる鉄くず回収業でした。その後、自身で屋号を立ち上げて産業廃棄物を扱い始めてからは産廃会社になりました。そして、回収してきた産業廃棄物の中間処理を始めて資源創出業と名前を改めたのは２００５年、41歳のときです。集めてきた木の廃材をチップにするといった中間処理を担うことで、廃棄物がまた新たな用途で活用できる資源に生まれ変わるからです。

とはいえ資源創出業という名前に実態が追いついていない部分がありました。木をチップにすることはできても、扱う量が限られていたからです。私は、より多くの廃材を集めるために解体業を始めました。１軒の家を解体すれば、おおむねトラック８杯分の廃材を得られるからです。

次にフォーカスしたのがコンクリートです。コンクリートはリサイクルすれば、砂として再資源化できるのですが、自社にリサイクル設備がないため、設備を持っている他社に委託するか、埋め立てるしか方法がありませんでした。そこでコンクリートやアスファルト、がれき類など、建物の解体や舗装補修工事によって排出された建築系廃棄物の中間処理と再資源化ができる会社を、M＆Aによりグループ会社化しました。

解体工事の仕事は、不動産会社か建設会社からもらうのが一般的です。しかし、相見積もりの結果、受注の機会を逃してしまうことが課題でした。そこで私はその情報を効率よくつかむ手段として、2017年から不動産業に進出しました。解体を予定している古い家を買い取ってリノベーションしたり、売り手と買い手を仲介したり。自社で解体から廃棄物回収、中間処理、再資源化まで、ワンストップでやれるしくみをつくりたかったのです。二級建築士も2人採用して「環境創造業」に事業領域を広げました。ややこじつけているところもありますが、大義名分を掲げることも大切だと考えています。

一連の流れはいわば、一商人が自分で問屋、そして貿易業を始め、農園も経営し始め

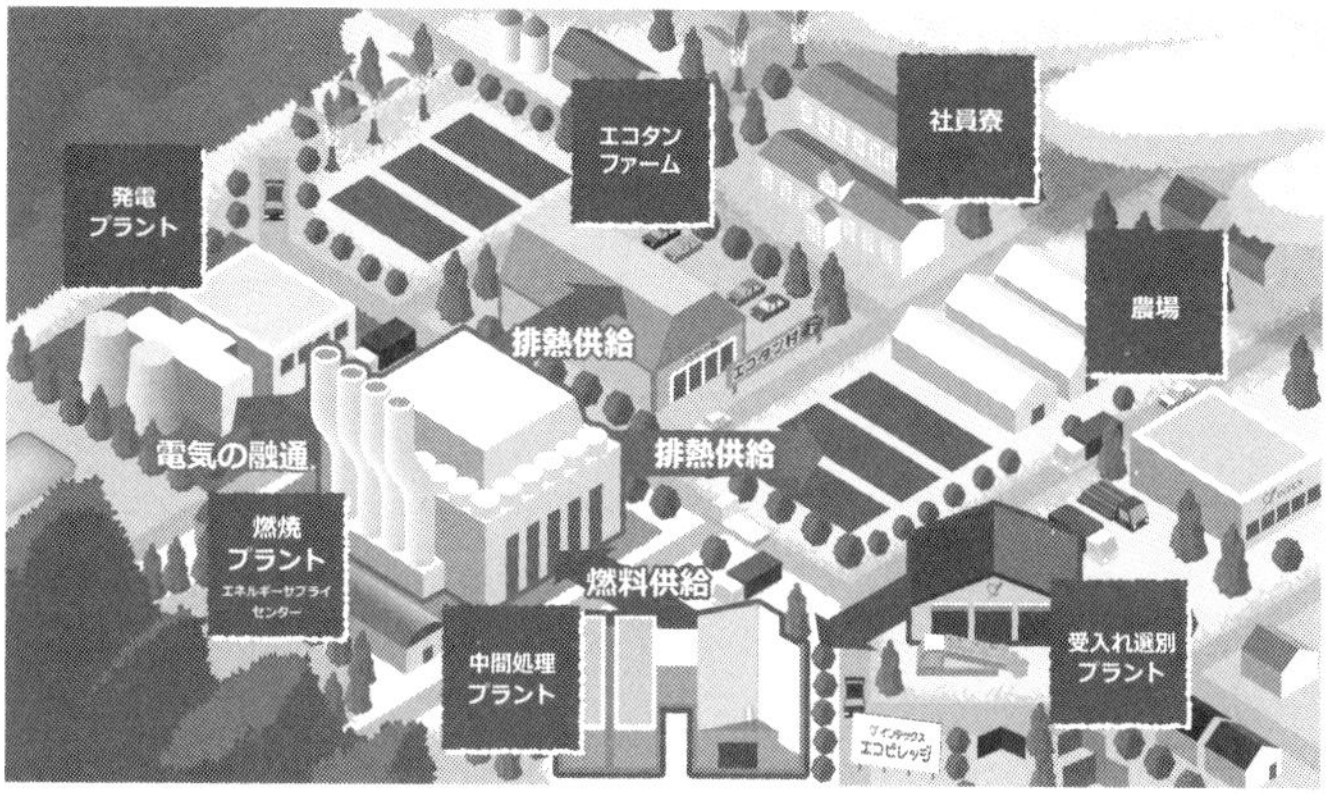

たようなものです。川上から川下まで自社で完結できるワンストップサービスは、コスト削減という面で強みを発揮します。

さらに内製化を進めるべく、廃棄物を処理する際に必要な熱エネルギーを有効活用できないかと考えて始めたのが、現在進めているエコビレッジ事業で、イメージ図はその一つの形です。それに伴い、私たちの目指す事業領域を「社会課題解決業」としました。

この事業多角化にあたって、すべての事業はつながっています。中小企業は資本力が小さい分、どうしても小さくまとまってしまう傾向があります。しかし、創意工夫次第では、資本力がないなかでもできることはあるはずです。もっと良い方法は絶対にあると信じて考え続けていれば、必ず道は拓けると信じています。

エコビレッジ構想出現

エコビレッジ構想を思いついたのは、2014年、東京ビッグサイトで毎年開かれるNEW環境展（N-EXPO 2014 TOKYO）というイベントに参加したときです。NEW環境展は、持続可能な循環型社会の構築に向け、環境汚染問題や地球温暖化問題の解決に資するさまざまな環境技術やサービスを一斉展示するという趣旨で開かれているイベントです。日本各地の約600社が出展し、4日間で約16万人が来場しました。私たちは参加して初めて、廃棄物処理場と人が暮らす場所が融合される「エコビレッジ」という概念を知りました。とある焼却炉のメーカーが、エコビレッジの模型のようなものを場内に展示していたのです。

私たちはそれまで自社で廃棄物を燃料にする取り組みはしていましたが、それによって電気を生み出し、その電気で工場を稼働させ、排熱を有効活用して農業をするといった再資源化の可能性に目を向けることができたのです。

さっそく私はその焼却炉メーカーに相談をもちかけたのですが、そこで知らされたのは想像以上に見通しの立たないものに思われました。焼却炉を導入するだけで30億円がかかるうえに、何年もかけて環境アセスメントを実施しなければならないというのです。環境アセスメントとは、事業を実施するにあたって環境にどのような影響を及ぼすかについて自ら調査、予測、評価をし、結果を公表して国民や地方公共団体から意見を聴き、環境保全の観点から総合的かつ計画的により望ましい事業計画をつくり上げていこうとする制度です。大変な手間と時間、費用がかかり、自分が目指している結果に一足飛びにたどり着けるものではありません。構想から完成まで10年ほどかかるケースもあるだけでなく、住民の反対に遭い、計画が頓挫するケースも少なくないということでした。

何度となく地元説明会を繰り返し、やっとの思いで実現にまでこぎ着けるのです。地元住民の立場に立てば、事業に先立ってアセスメントをしっかり行うべきだというのはもっともなことです。彼らにとっては、近くに焼却炉ができることのメリットは少なく、ダイオキシンなどの有害物質が発生するリスクをはじめとしたデメリットのほうがはるかに大きいからです。

とりわけ2000年前後はダイオキシンに関する報道が過熱していたこともあり、焼却施設＝悪の象徴であるかのようにみなされる節がありました。1999年にテレビ朝日のニュース番組が、埼玉県所沢市産の野菜から高濃度のダイオキシンが検出されたことを報道し、翌日からホウレンソウなどの野菜の価格が暴落しました。風評被害を受けた近隣の農家が損害賠償を求める訴訟を起こした事例もあります。

はたして、30億円の焼却炉を買ったところで採算は取れるのだろうかと、私は立ち止まって考え込まずにはいられませんでした。仮に住民との合意形成ができて稼働させられたとしても、年間で生み出す利益が1億円だとすれば、単純計算してもペイできるのに30年かかります。あまりにも難しいと判断した私は、自前の焼却炉を持つ方策を早い段階で断念しました。代案として浮上したのが、エコビレッジをつくる構想だったのです。

「迷惑施設」という前提を踏まえて

人々のなかに浸透している産廃業者に対する偏見やネガティブなイメージは根深いものがあります。さまざまな要因が考えられますが、一つはメディアの報道が大きな影響を与えています。

なかでもよくニュースで取り上げられるのが、悪質な産廃業者による不法投棄問題です。山や道路沿いに産廃を捨てたり、産廃業者が施設内に大量の廃棄物を放置したまま夜逃げしたりといった事例が次々に取りざたされ、業界全体のイメージが大きく損なわれています。確かに、道徳観や倫理観が欠如した業者が不法投棄をしていることは事実ですが、全体から見ればごく一部です。しかも産廃業者ではなく、産業廃棄物を出す排出事業者が不法投棄をする場合も少なくありません。

１９９０年代後半には、業界全体を疲弊させる過当競争の結果、顧客獲得のための不当な値下げ（ダンピング）合戦が起こり、不適正処理が増える悪循環が生まれていた時期もあります。

1997年、すべての廃棄物に対して処理する際の廃棄物管理票(マニフェスト)の記入と保存が義務づけられました。産業廃棄物が今どこにあるのか、いつ、どこでどう処理されて、処分されたのか、そういった具体的な流れを把握できる一種のトレーサビリティシステムが設けられています。その意味では、食品業界などは他業種よりはるかに厳しい透明性を求められています。よくあることではありますが、ルールを守らない一部の業者がいるために、業界全体が悪い印象になり、真面目にやっている業者が割を食うのです。

産廃業界を端的に表した表現として「NIMBY」という言葉があります。Not In My Backyard＝わが家の裏庭には置かないでという意味で「公共的に必要な施設だとは理解しているが、それが自分たちの住んでいるところに建設されることには反対する住民やその態度」を意味する言葉です。

私たちとしては常に頭を悩ませる問題の一つであり、第三者からも自己中心的だと批判される事柄ではありますが、これは人間のなかに根ざした普遍的な心理でもあります。例えば最近、コンビニやスーパーなどで、食品ロスを減らすための活動が積極的に行われています。牛乳やパン、お弁当が廃棄されないほうがいいという考え方自体に反対する人は普通いません。しかし、同じ牛乳で、明日で賞味期限が切れるものと1週間後に賞味期限が切れるものが同じ棚に並んでいたとしたら、自分が買う立場だったときにあえて古いほうを選ぶ人は少ないと思います。たとえ明日中に飲み切ると分かっていても、つい賞味期限が長いほうを選ぶのが人間です。雑誌なども同様で、誰かが立ち読みしてシワが入ったものではなく、きれいなものを買いたいというのが人間心理です。結局、環境を良くしよう、持続可能な社会をつくろうという思いはあっても、自分は損をしたくないと思って行動するのが私も含めた人間なのかもしれません。

グループ会社の一つであるインテックスが今、中間処理施設を構える場所は田んぼに囲まれています。廃棄物を施設内に運んできたトラックのホコリ、振動、騒音を迷惑だと感じている地域住民も少なからずいると思います。総論賛成・各論反対、本音と建前が交錯する業界で生きていかなければならないのが私たち産廃業者の宿命なのです。

そういう現実があるからこそ、私たちは自社のイメージアップに注力してきました。トラックも制服もきれいでスタッフが礼儀正しければ、産廃事業者に対する認識を変えてもらえる可能性があるからです。おそらくはＮＥＷ環境展でエコビレッジ構想を打ち出していた焼却炉メーカーも、廃棄物を燃やすことで社会に貢献できると伝えたかったのだと思います。

社会を支えるエッセンシャルワーカー

私自身、具体的な構想こそ描けていませんでしたが、２０００年頃から環境に対する問題意識が芽生えていました。自社の産廃処理施設を、幼稚園・小学校の遠足や社会科見学で訪れる場所にしたいと考えているのはその問題意識に起因しています。

基本的に、社会的なイメージが良く、存在価値も高い会社でなければ学校教育の場で選ばれることはありません。産廃業界は人気職種ベスト１００にも入らないかもしれませんが、世の中に欠かせない必要な仕事のベスト10に入ると自信をもっていえます。

コロナ禍で外出自粛が叫ばれたさなか、市民の生活を支える存在として医療関係者や配達ドライバー、介護スタッフ、清掃員といったエッセンシャルワーカーに注目が集まりました。私たちのような産廃業者もエッセンシャルワーカーに数えられます。

持続可能な社会づくりが求められる時代の潮流は、ずっと肩身の狭い思いをしてきた私たち産廃業者にとって追い風です。再資源化による循環型社会の構築に貢献できる産廃処理業者は、盛んにいわれるＳＤＧｓやＥＳＧ（環境、社会、コーポレートガバナンス）と親和性の高い業種なのです。

産廃業界のイメージアップを図りたいと思っていたところに、エコビレッジはぴったりでした。子どもたちや家族連れが訪れるアミューズメント施設のような側面も兼ね備えていて、地域住民からも応援してもらいやすいと感じたのです。そういった取り組みを先進的に実施している他県の施設にも出向き、その可能性に対する確信を深めました。

廃棄物処理を中核事業とするリサイクル施設エコビレッジの取り組みにより、社会課題を解決していくことが、私たちの会社の使命なのです。

経営基盤の安定化を目指して、ワンストップサービスを提供

どの業界もそうですが、需要と供給のバランスによって価格やそのサービスの価値が決まります。

廃棄物回収・中間処理業者は経営の安定性を確保するのが極めて難しい立ち位置にあります。せっかくリサイクルして作った燃料や資材であっても、こちらの都合で思いどおりに販売できるわけではありません。買い手の需要がなければ使ってもらえず、在庫としてストックされるだけなのです。

つまり、排出事業者にも、リサイクルした燃料や資材を使用する事業者にも、私たち廃棄物処理業者は選んでもらわなければならない立場なのです。

自社でリサイクルした燃料や資材を使ってもらえないかとお願いしても、今は必要ないと言われて、自社の処分場にしばらく溜め込んでおかなければならないときもありま

す。

例外的なのは、バイオマス発電に使用する木材チップです。間伐材の減少により、発電の燃料が慢性的に不足しています。また、バイオマス発電は再生可能エネルギーの一つとして、国が決まった価格で買ってくれるＦＩＴ制度の恩恵もあるので、現時点では需要の高い燃料になっています。

ともあれ、現状の私たちは、入口と出口、どちらの取引でも競争にさらされ、安定的な収益を上げづらい業界で生き残っていかなければならないのです。そういった環境のなかでどう強みを見いだすかという問いに対する答えが内製化でした。自社のリサイクルによって生み出された燃料を自社で使用できれば、極めて効率的、合理的にエネルギーを活用できます。そこで考えついたのが、発電した電気を自前で消費し、排熱を有効利用するために農業をやるというエコビレッジの原型となるビジネスモデルなのです。

解体工事や不動産のリフォーム、不用品の片付けなどで出た廃棄物を廃木材チップにして燃料を生み出し、自社農園での温室栽培などに活かすという、グループ企業との相乗効果によるワンストップサービスといえます。

ここでともに設立より永年働いてくれた宮ノ下臣夫が私との思い出をつづった文章を紹介します。

知人の紹介をきっかけに、当時ネットワークビジネスをしていた金山さんと私が初めて会ったのは1996年1月、25歳のときです。折しも当時勤めていた会社を辞めようと思っていた時期だったので、最初は転職活動の一環と考えていました。しかし、金山昇司という男に惹かれた私は、もうこの会社以外には考えられなくなっていました。男のロマンを語るような人と出会ったのは人生で初めてでした。「人生一度きりだから楽しく生きようぜ」とはつらつとした様子で語る金山さんに、私はすっかり惚れ込んでしまったのです。

入社前に、毛皮を展示・販売するネットワークビジネスを手掛けていることは聞いていました。多少の抵抗はありましたが、これまで営業職として働いてきた経験を活かせると思いましたし、何より、金山昇司という男と一緒にいられることが楽しかったのです。

昔の金山さんには時々、暴走してしまうところがありました。当時は会社に資金的な余裕がなかったこともあり、多くの犠牲を払ってでもお金儲けに向かうような場面があったのです。そんなとき、金山さんにブレーキをかけるのが私の役目でした。私自身もお金儲けが好きでしたが、このままでは会社は潰れてしまうという危機感があったからです。

私が制止したとき、聞き入れられる素直さが金山さんの魅力でもあります。勢いで突っ走ってしまうことはあっても、強引に事を推し進めるようなことはありません。今でもよく、金山さんは「宮ノ下だったらどうする?」などと意見を聞いてくれますし、社員の声にも耳を傾けています。

お金儲けに走る方向性に違和感を覚えていながらも、私が会社を辞めようと思わなかったのは、この人についていけば間違いないだろうという確信があったからです。と同時に、自分がこの人を支えなければならない、社長と社員の懸け橋にならなければならないという使命感も抱いていました。

そんな金山さんが変わり始めたのは研修に参加するようになってからです。経営理念を掲げ、社員を大切にするなど、会社はいい方向に向かっていきました。急に社員教育を取り入れ、通常業務以外のタスクが増えたことに反発して辞めていく社員もいましたが、会社が新しい次元に向かうためには避けては通れないプロセスだったと納得しています。

私自身、産業廃棄物に関してはズブの素人でしたが、トラックで町中を回って、廃棄物の山を見つけたら「うちでゴミを処理させてください」と現場の人に話しかけていました。排出事業者のもとに行けば、必ずといっていいほど仕事が取れました。

1990年代後半頃は、同じ地域の同業他社で、営業パーソンを配置している会社の競争が少なかった時代です。競争の少ない業界では、適正価格よりも高い価格を設定して、粗利を多く取ろうという既得権益が生まれます。そんな業界に「低価格ながら高水準のサービス」を持ち込んで、負けるはずがありません。

積極的に仕事を取りにいくスタイルが功を奏し、どんどん仕事は増えていきました。顧客が別の顧客を紹介してくれる好循環も生まれました。日々、仕事に追われていることに刺激を感じていました。忙しい毎日でしたが、週に2〜3日は会社のメンバーと食事に行って、夢を語り合う時間は充実感をもたらしてくれました。

そんななかで、会社の屋台骨を揺るがすような事件が起きました。支店の一つを任せていた常務取締役が会社の金を横領して失踪したのです。それが取引先にも迷惑をかけたこともあり、私や金山さんが最前線に立って事態の収拾にあたりました。

その常務をきっかけに、さまざまな悪事が芋づる式に判明したことにより将来の不安を抱えて、最終的にその支店で勤めていた15人ほどの社員のうち7割近くが辞めました。もちろん大変な出来事でしたが、組織のうみを出し切ることができたという意味では、良いきっかけだったと思います。

支店を閉めようかという考えもありましたが、その一件を機に、社員が金山さんと直接会い、話をする機会が増えたおかげで、社長の思いや考えが伝わりやすくなり、社員の愛社精神も高まったように思います。彼らのなかに自分たちでなんとかこの状況を打破せねばという意識が芽生え、団結力が生まれたことで、支店の売上や利益が右肩上がりになっていったのです。

常務が会社の金を横領したこと自体は会社にとってマイナスな出来事ですが、それがあったからこそ社員が奮起し、私たちもコミュニケーションの大切さを実感できたという意味ではけがの功名といえます。残った2人はそれから約20年経った今も在籍しており、それぞれ支店長、トラックチームのリーダーを務めるなど、重要な役割を担ってくれています。

また、2020年に同業他社である西日本マックスをM&Aしたときのことです。当初は先方の社員から、敵対的な目で見られていると感じることもありました。そこで、私たちの理念を伝えながら新しいしくみを導入していきました。徐々に、仕事を通して成長したいと彼らに内発的な動機づけが生まれてきました。今では勉強会や研修の案内をすると、積極的に参加してくれる人が多いのがその証拠です。

私たちはさまざまな試練を乗り越えてきましたが、悪戦苦闘してきた、努力してきたという感覚はありません。「立ちはだかる壁は成長の糧である」という社訓がありますが、本当にそのとおりだと実感しています。

第4章

SDGsのトレンドを追い風に
「ゼロ・エミッション」を本格始動
事業を拡大し産廃処理から
環境事業会社へと舵を切る

自治体のＳＤＧｓ推進パートナーズの一員に

今全国で、持続可能な社会を目指すＳＤＧｓの取り組みを行う企業を「ＳＤＧｓ推進パートナーズ」として登録する制度が広がっています。岡山市でも今年４月、「第１期岡山市ＳＤＧｓ推進パートナーズ」の登録事業者２８０者が決まり、私が経営する「株式会社インテックスホールディングス」も登録事業者として認められました。

この制度の狙いは、ＳＤＧｓを原動力とした地方創生の実現です。岡山市によると、ＳＤＧｓの目標達成に向けた事業者の取り組みを見える化し、その事業者の企業価値や認知度を向上させることによって、取り組みの規模の拡大や、参入する事業者の増加を促します。その結果、地域課題の解決に向けてキャッシュフローが生まれ、得られた収益を地域に再投資できれば、地域経済の活性化が図れるというものです。

企業だけではなく、行政もまた、ＳＤＧｓを自らの事業を進めるチャンスととらえているわけです。

私は経営者として経済、社会、環境の側面から、3つの取り組みを申請しました。

代表的な取り組みとして挙げたのは、エコビレッジ構想の先駆けである自社農園での取り組みです。産業廃棄物の再資源化に向けて、回収した廃木材で燃料チップを製造し、それを農作物の温室栽培に再利用することで、エネルギーの回収まで行います。重油の消費量は2022年が年間5万リットルでしたが、2024年には年間1万リットルに削減するのが目標です。経済効果の見込みは約400万円、廃棄物を焼却した際に生じる熱エネルギーを再利用するサーマルリサイクルを、年間木質系チップ400トンと見込んでいます。数字としては小さい数字ですが、地方の中小企業にとっては大きな挑戦なのです。

2つ目は、現在展開している宿泊施設や観光農園という集客施設の拡充によって、過疎地の耕作放棄地の活用と雇用創出を図る取り組みです。2024年の目標は、売上高5000万円、スタッフ6人の雇用です。

3つ目は、特に地方で社会問題となっている空き家問題への取り組みです。安心安全面に配慮した解体事業の専門性を高め、グループの不動産会社と情報共有して、問題のある空き家については解体事業の受注件数の増加を目指します。また、解体事業で出てくる瓦をリサイクルし、ガーデニング資材や農業に使用する培養土として販売し、キャッシュフローを生み出します。空き家の解体件数は、2022年が年間30件ですが、2024年は年間60件を目標にしています。瓦のリサイクルについては、2022年は500トンでしたが、2024年は倍の1000トンが目標です。

グループ会社は8社となり、不用品や粗大ゴミの回収にとどまらず、空き家の解体、建築資材の廃棄物の再資源化、不動産の売買や住宅のリフォームなど多岐にわたっています。共通する軸は、廃棄物をできるだけ出さず、お預かりした廃棄物を世の中に有用なものとしてお返しする、循環型社会の構築という社会課題の解決への貢献です。事業を拡大するたびに、産廃処理業者から環境事業会社へと成長してきました。

ものが循環するしくみができれば、ある人にとって不要なものが、別の人にとっては必要なものになります。廃棄物かどうかの判断は、どこで廃棄物という線を引くかによって変わってきます。グループ会社のシナジー効果を発揮し、さまざまな角度から廃棄物を減らすことができれば、環境に対する負荷の少ない社会の構築に貢献することになるのです。

三国志に学んだ経営ノウハウ――弱者の戦略

私たちは2000社ほどの顧客（排出事業者）と取引していますが、後発弱者であったため、最初は取引先などありませんでした。大手のメーカーと取引したくてもできなかったのです。

どこをターゲットにするかというと、家族経営、あるいは従業員十数人程度の工務店のような中小企業です。

そういった戦略は、私が大好きな三国志から学びました。

2世紀、後漢王朝末期の混乱の時代に、北方（魏）を治めていた曹操、南方（呉）を治めていた孫権に次ぐ第三の勢力となることを劉備に提案した諸葛孔明の「天下三分の計」という作戦です。魏は百万の軍勢と皇帝を擁し、すでに強大な存在になっています。また呉は三代にわたって江東に割拠し、有能な臣下が多く堅固な国家を築いています。

新興勢力である劉備が初めから魏や呉に戦いを挑んでも勝ち目は薄く、敵対することは得策ではありません。

そこで孔明は、まず小規模な勢力をとりまとめ、基盤を固めてから対抗するべきだという戦略を説いたのです。孔明は、小規模といっても、交通の要所であり経済的に豊かだが領主は軟弱な荊州や、領主が民の暮らしに心を砕かないため名君を得ることを心待ちにしている益州など、低いリスクで奪えるうえに、奪うに値する地域を的確に挙げてみせました。

そのエピソードを読んで感銘を受け、諸葛孔明の考え方を企業経営に応用しました。それを言葉に落とし込んだのが「小さな仕事を大きな志で積み重ねて今日の私たちがあります。紙くず一枚・木屑一片・釘一本を大切にします」という社訓です。

例えば新しい顧客を獲得するために営業をかけるとして、その会社にすでに別の処理業者との取引がある場合、最初から１００％乗り換えてもらおうと思っていてはうまくいきません。まずは段ボールだけ任せてもらえないかと提案し、少量だけという条件付きであっても応じてもらいます。段ボールの処理費用なんて微々たるものです。しかし、仕事を軽んじてはいけません。たとえか細い糸だったとしても、相手とつながりをもてたということは、大きな一歩なのです。繰り返し足を運ぶうちに信頼関係が築かれ、ほかのことも任せよう、あるいは全部任せようと、顧客の気持ちに変化が訪れます。人間、一生懸命な人は応援したくなるものだからです。

ただし、それは逆もしかりです。自社の顧客に営業をかける競合他社がいた場合、顧客を奪われるリスクがあります。そういった場合、段ボールくらいとられても構わないなどとは絶対に考えてはいけません。それが顧客をとられるきっかけになってしまうこともあり得るのです。

そうやって、小さな仕事を一つ、また一つと増やしてきた結果が、取引先２０００社という実績に表れています。例外はありますが、基本的には相手や仕事を選ばないスタンスを貫いています。

顧客との接点を増やす――クリーンレディの役割

産業廃棄物回収、中間処理業は、モノづくりの仕事と比べると、差別化が難しいと感じています。よって「人やサービス」で勝負せざるを得ないところがあります。私たちの会社は近隣の同業他社に比べて決して処理費用は安くありません。それでも多くの取引先に選んでもらえています。その理由の一つが、事務員やドライバーの対応の良さです。特に電話対応については、とても気持ちいいと評判です。

とりわけ力を入れているのが、顧客との接点をできるだけ増やすことです。人は、よく知っている人や好きな人と仕事をしたいからです。そして、最前線で重要な役割を担ってくれているのがクリーンレディと名付けた女性従業員です。廃棄物が出る建設現場などを回り、現場監督や大工職人たちとコミュニケーションを取りながら現場状況を伝える仕事です。1日あたり200～300キロの距離を社用車で走り、あちこちに点在する現場を訪れ、廃棄物が溜まっているかどうかを調べ、回収に来るようにドライバーに伝言しているのです。むろん、単なる業務上の会話だけでなく、世間話をしたり、仕事の愚痴を聞いたりすることもあります。さらに、プラスアルファのサービスとして現場に散らかっている廃棄物や資材を整理整頓することもあれば、きちんと分別できていないものを分別することもあります。

現在、私たちの会社ではクリーンレディを1人パートで雇用しています。彼女は産業廃棄物に関する知識はそれほど多くありませんし、見積もりや価格交渉、契約の話になれば、すべて営業担当に話を振ります。普通乗用車に乗っているので、廃棄物を積み込んで帰ることもありません。車の運転ができればやれる仕事で、どの現場を巡回するか、どのくらい回るかも、彼女に一任しています。

彼女の強みは社交性と愛嬌です。もち前の人当たりの良さで取引先からとても評判がいいのです。おそらく、仕事を取ろう、少しでも高い値段で買えるように交渉しようといった野心や損得勘定がないことも信用を得ている要因です。彼女が現場からすくい上げてきた生の情報が、グループ内の不動産仲介業の仕事につながることもあります。

つまり顧客との潤滑油であり、情報屋的な役割も担うクリーンレディは間接的には会社の売上や利益に貢献している存在なのです。その貢献度は定量化できるものではないので、同じことをやろうと考える企業は少ないと思います。同じような役割の人を雇用しているという同業他社の事例も少ないと思います。

しかし、人がやらないことをやれば強みになります。今後はクリーンレディのチームをつくり、より顧客接点を増やすことも視野に入れています。

クリーンレディを導入しようと考えたきっかけは、私たちの会社によく来る保険の外交員です。12〜13時の休憩時間にやってきて、女性たちが社内のスタッフに飴を配ったり、星座占いをもちだして雑談したりしています。もちろん彼女たちは保険を売りにきているわけで、コミュニケーションを取って親しくなることを目指しているように感じます。明るく細やかな気配りをする女性ということも手伝ってかその効果は絶大で、一人、また一人と社員が保険に加入していくのです。

私たちの会社ではファイナンシャルプランナーと契約しているので、その人に相談すればベストな保険を選べることを社員は知っています。にもかかわらず、彼女たちの魅力がそれを上回るのです。まったくもって合理的ではない選択ですが、それこそが人間のコミュニケーションなのです。ある意味、健全なえこひいきによって仕事は成り立っているのだと改めて感じさせられました。

男女平等、ジェンダー平等が盛んに叫ばれるようになり、SDGsの目標にも「ジェンダー平等を実現しよう」という項目が掲げられています。もちろん私は、昔の男尊女卑的な考えには反対ですし、性別を理由に昇進が妨げられるようなことはあってはならないと考えています。しかし、最近では平等思考がやや行き過ぎているように感じます。例えば重たい荷物を運ぶとき、体格にもよりますが基本的には男性に声を掛けるものです。そこで女性は、なぜ私を呼んでくれなかったのかと疑問には思わないはずです。そういう意味では、男女は平等でなければいけないが、同じではないということは前提として認識すべきです。

つまるところ、会社も個々の魅力によって成り立っています。例えば同じメーカーの車を買うにしても、この営業マンからしか買わないということはよくあります。今の時代、車の性能やデザインにおいてそれほど極端な差があるわけでもありませんから、最後は「人」で選ぶことは自然なことです。この先、どれほどＩＴ技術が進歩し、人間の仕事がロボットや人工知能に置き換わっていったとしても、人間同士の接点はいつまでも大切にしたいものです。

グローバルな視点に立って常に危機感をもつ

鉄くず（以下、鉄スクラップ）とは、建設現場や自動車・家電製品などの廃材、あるいはさまざまな工場で発生した廃棄物などから鉄の部分のみを回収したものを指します。私たち産業廃棄物回収業者が回収した鉄スクラップは、決められたサイズに切断、加工し、高炉メーカーや電炉メーカーに供給され、新しい鉄鋼製品に生まれ変わります。

鉄は地球上に豊富に存在する金属であり、溶かして不純物を除けば何度でも使用できるのが特徴でリサイクルの優等生とも呼ばれます。日本でも90％を超える鉄鋼製品がスクラップとして回収されています。

日本は現在、鉄の原料となる鉄鉱石は１００％輸入に依存していますが、鉄スクラップは99%国内のものが流通しています。2017年度は国内粗鋼生産量の30%以上の鉄スクラップが鉄鋼原料として使われました。

鉄スクラップの価格は景気の先行きを占う重要な経済指標でもあります。鉄スクラップの市場価格はかなり変動が激しく、リーマンショック後は約6分の1にまで急落しましたが、2022年頃からの資源高で鉄スクラップ業界は好調を維持しています。

私たちのような中間処理業者もその恩恵を受けています。新しい処理施設をつくるためには規制が厳しく、住民の同意も得なければいけないので参入障壁は高いのですが、うかうかしていられない事情もあります。それが、中国資本の参入です。現に日本でも、中国資本の企業が日本に鉄スクラップを回収する拠点をつくり、中国に送るというビジネスモデルが誕生しています。製鉄所と同等かそれ以上の値段で排出事業者から買うので、私たちにとっては脅威となる存在です。鉄スクラップ業界もれなくグローバル化が進んでいるのです。

新興国や発展途上国で鉄のニーズが高まっていくなかで、中国が世界各国に進出する流れは止まりそうもありません。中国の経済力、軍事力、人口、資源力の大きさは脅威です。ワーク・ライフ・バランスを重視する働き方改革により、日本人の強みであった勤勉さや努力が失われつつあるようで、日本の国力がどんどん弱まることに私は危機感を抱かずにはいられません。

近年、円安により外国人出稼ぎ労働者の日本離れが進んでいます。最低賃金が時給約2000円のオーストラリアに出稼ぎに行く日本人も増えています。すでに日本に見切りをつけている優秀な人材も増えています。教育水準の高い労働者を安く使える日本は、海外企業にとって労働力を確保する市場になっていく可能性があります。

ゆっくりとした環境の変化に気がつかず、現状にあぐらをかき、やがて致命傷を負うゆでガエルにならないように、危機感を常にもっていなければならないと肝に銘じています。

チャレンジによる離職者は企業の成長痛

世間には、離職率が低い会社はいい会社であるという社会通念があります。離職率の低さはホワイト企業の象徴です。離職率を下げるためには、仕事量が適切で休暇を取りやすく、社内の人間関係が良好であるなど、いくつかの要因が関わっており、それらを満たしていることは企業としていい状態を保っているというわけです。

家族的経営が良しとされた昭和の名残もあると思います。終身雇用、年功序列が崩れかかっている現代、会社は家族であり、一生同じ会社で勤め上げることが幸せな人生であるとされた時代の価値観を引きずっていては、時代の変化についていけません。これだけ雇用が流動化した時代に、定着率のみを指標にすることに疑問を感じます。

もちろん、離職率と働きやすさには一定の相関関係はあります。ブラック企業は離職率が高くホワイト企業は離職率が低いという定説は、部分的には事実に即しており、間違いとも言い切れません。

しかし、離職率という指標だけにとらわれていては本質を見誤ります。離職率の高い会社のなかには、社員が次々と独立していくベンチャー企業や、旧態依然とした企業体質からの脱却を図ろうとした結果、社員が大量に退職した企業など発展的離職と呼べるケースもあるからです。

そもそも、スタートアップやベンチャーなど成長著しい企業で、社員の定着率が高い会社はあまり見かけません。むしろ、5年間で社員が300人増えたけれども2人しか辞めていないという会社があれば、かえって疑いをもちます。成長スピードについていけず一定の離職者が出ることは、勢いのある会社にとって必要な成長痛のようなものです。

その意味で、離職者があまり出ていない会社では要因を探ってみることも必要です。会社で働くことに満足し、QOL（クオリティ・オブ・ライフ：生活の質）が高まっているのなら経営者としてうれしいことですが、必要な新陳代謝が起こっておらず、組織が硬直化しているのなら問題です。会社の体制が緩み、ぬるま湯体質になっていないか今一度チェックしておくことも大事なことです。

2対6対2の法則という有名な理論があります。どんな組織・集団の構成比率も、優秀な働きを見せる人が2割、普通の働きをする人が6割、貢献度の低い人が2割になるというものです。離職者がいないことは貢献度の低い2割の人たちに全体が合わせているからかもしれません。

現状維持は衰退を招く

中小企業の社長には、足元を確かめながら歩んでいかねばとか、昔は苦労したとか、最近は丸くなったなどと、すでに人生の上がりを迎えたかのような語り口をする人がいます。

昔の栄光にすがって安穏としていられるのは、広い世間を見渡してもオーナー企業の経営者だけです。例えばスポーツ選手にはそんな理屈は通用しません。どれだけ過去にすばらしい実績を残していても、今、実績を出せなければ引退を余儀なくされるのです。

良くも悪くも、経営者は自分で引き際を決められます。それが会長の座に居座り続ける経営者を生み、会社の成長を止めるのです。加齢とともに身体の衰えは避けられませんが、精神の衰えは自助努力で防ぐことが可能です。いつまでも、新たなことに挑戦して意欲を広げる気持ちがあることが大事で、若い頃のようなハングリー精神を忘れるべきではありません。

経営の神さまと呼ばれる松下幸之助氏は著書『人間を考える　新しい人間観の提唱　真の人間道を求めて』（ＰＨＰ研究所）で書いています。

「宇宙に存在するすべてのものは、つねに生成し、たえず発展する。万物は日に新たであり、生成発展は自然の理法である。人間には、この宇宙の動きに順応しつつ万物を支配する力が、その本性として与えられている。人間は、たえず生成発展する宇宙に君臨し、宇宙にひそむ偉大なる力を開発し、万物に与えられたるそれぞれの本質を見出しながら、これを生かし活用することによって、物心一如の真の繁栄を生み出すことができるのである」

生成発展こそが宇宙の原理原則であり、万物の未来は生成発展するか衰退するかの二択しかありません。宇宙も、地球も、人間も、生き物も、モノも、たえず変わっていくもので、現状維持という状態はあり得ないのです。この原理原則を自覚せず、いたずらに日々を生きることは、衰退に向かっているのと同じです。果たして自分自身は、生成発展のスパイラルに入っているのか、衰退のスパイラルに入っているか、常に問い続ける姿勢が大切です。

社会に貢献し存在価値の高い会社に

心理学者アブラハム・マズローの唱えた「欲求5段階説」という理論があります。人間の欲求は、低次から生理的欲求、安全の欲求、社会的欲求、承認欲求、自己実現の欲求という5つの階層に分かれたピラミッド状になっており、低い階層の欲求が満たされるようになって初めて、次の段階の欲求を求めるようになるという考え方です。現代では、企業経営やマーケティングなど、あらゆる場面で活用されています。

20代、30代の頃の私は、お金を稼ぐことを人生の軸に据えて生きていました。当初は充実した日々を過ごしていましたが、あるときから道を間違え、自分の周りから人が離れていき、心身に不調が表れました。私にとって、お金儲けというモチベーションだけで生き続けるのは難しかったということです。むしろ、一生、そのモチベーションだけで生き抜く人は偉大だとすら思います。

そこで行き詰まった私は研修に参加し新たな生きる意味を教わりました。周りを幸せにしたい、社会に貢献して存在価値の高い会社にしたいというモチベーションが中心になっていったのです。そういう生き方の枝葉として、経営なり趣味があれば、モチベーションは持続します。

なかにはモチベーションとテンションを混同している人がいますが、この両者は大きく異なります。ざっくりいうと、モチベーションは内発的な動機づけで、テンションは外発的な動機づけです。優れた人の話や苦難を乗り越えたサクセスストーリーを聞けば、誰だって多かれ少なかれ、テンションが上がってやる気が出ます。問題はそれが持続するか否かです。世の中のどの分野を見渡しても、一時的なテンションで成功を収めた人はいません。皆、環境の変化に伴う気持ちの浮き沈みを経験しながらも、モチベーションを維持することで成功へとたどり着いたはずです。

大事になるのが、モチベーションを維持するための環境づくりです。私自身はエコビレッジ事業を通して社会課題を解決すること、大いなる夢と希望と勇気をもって挑戦し続けること、若い社員や部下の期待に応えて彼らが高いモチベーションで仕事ができる環境を整えること、という3つの目標が原動力になっています。自分さえ良ければいい、このポジションは譲りたくないといった思考や行動は、自他の成長を阻害します。

会社の成長や規模拡大は目的ではなく、ビジョンを実現するための手段です。若手に活躍してほしいなら、仕事やポジションを与えなければなりません。つまり社会貢献に数字（売上、利益）は本来、伴っているものなのです。

経済とは経世済民、すなわち、世を經《おさ》め、民の苦しみを濟《すく》うという言葉に由来します。自分の外にある社会や地域、社員、家族のために事業を推進することが本質であり、その手段としてお金が必要なだけなのです。

当然、会社の規模が拡大し、人が増えるほどトラブルも増えてきます。悩ましく思うこともたくさんありますが、3つの原動力を忘れなければ、そういったトラブルを乗り越えていけるはずです。

「感謝」から生まれる好循環

父が経営する鉄くず回収業者を手伝っていた25歳の頃、ある顧客が処分に困っていたソファや机、テレビなどを処分したときの体験が私の原点です。とてもうれしそうな表情で感謝の言葉とともに1万円を手渡してくれたとき、私は人の困り事を解決し、人の役に立つことで仕事の喜びを実感したのです。その感動を思い出させてくれるのが、私のグループ会社です。粗大ゴミの回収、部屋や倉庫、事務所の片付けから遺品整理まで、主に身体が思うように動かなくなった高齢者を対象に、暮らしの困り事を解決しています。サービス内容は生活全般にわたり、時には、庭の芝刈りや剪定、網戸の張替え、電球交換、ゴミ出しまで担うこともあります。小さな仕事を大切にする私たちの姿勢に通ずるものです。

健康な人には想像しづらいかもしれませんが、一人暮らしの老人にとっては家から

100メートル離れたゴミステーションまでゴミを持っていくことも重労働です。その苦労を、私たちは仕事として請け負っています。

本来無料で済むものにお金を払うことに抵抗を感じ、人によっては高いととられるかもしれませんが、私たちにとってはほとんど採算のとれない価格設定です。移動時間やガソリン代、人件費を考えるとほとんどボランティアです。

ただこれは慈善事業としてやっているわけではなく、こうした日々の積み重ねが、のちのちその他の仕事の受注につながっていくこともあり、その意味では未来への投資です。家に上がらせてもらって、生活に踏み込んで付き合いをすることになるので、信頼関係が構築しやすいのです。

裏を返せば、お金を払ってでも片付けたい、やってほしいと思うほど、高齢者は困難を抱えて生活しているのだということです。てきぱきとゴミを片付けてきれいにすれば感動して心から感謝してもらえますし、なかには泣いて喜ぶ人もいるほどです。

こうした喜びや感謝に触れられる経験は、働き手にとって何よりの報酬になるようです。感謝されるのがうれしいからもっと頑張る、もっと頑張るからさらに感謝されるという好循環が生まれます。このような機会をさまざまな場面でつくり出すことが、経営者としての仕事だと考えています。

リーマンショックのピンチに重機を購入

経営者の器というものは危機的状況に陥ったときにこそ試されるとよくいわれます。会社の歴史を振り返ったとき、真っ先に思い起こされるのがリーマンショック前後で起こった出来事です。

本社も移転し、ゆくゆくは中間処理施設を建設する構想を描いて、岡山市内で約3億円の土地を買いました。とりあえず本社を建設し、廃棄物の選別拠点として考えていましたが、地元議員も巻き込み、その地域の住民からの大反対運動が巻き起こったのです。地域住民に向けた説明会には、座る場所がないほど人が押し寄せました。

中間処理施設を建設することは現時点では考えていない、いずれ建設するときは住民に必ず相談すると伝えましたが、聞き入れてもらえませんでした。一般の人々が産廃業界に対して抱く不信感はこれほどまでに根深いのかと感じずにはいられませんでした。

そうこうしているうちに2008年9月、リーマンショックが起き、受注量の低下と価格の低下というダブルパンチで私たちの会社の売上は半減し、存続の危機に立たされました。動脈産業での製造活動が弱まり、廃棄物の排出量が減れば、私たち静脈産業の仕事も減るのは必至です。もはや本社移転のことに頭を悩ませている場合でもなかったので、私は本社移転計画の中止を表明しました。

しかしそのとき、私は日創研の田舞徳太郎代表から教わった「本当に大変なときに大変だというのは誰でもできる。苦しいときこそ大丈夫だと言ってドンと構えて、やるべきことをやるように社員に伝えるのが長たる者だ」という言葉を思い出していました。

出光興産の創業者・出光佐三氏も「順境にいて悲観し、逆境において楽観せよ」という言葉を残しています。経営の神さまと呼ばれる松下幸之助氏も、オイルショックなどの危機的な状況でこそ、あえて思い切った設備投資をしたという意味では、根本にある考え方は同じだと思います。

実際私も、そのタイミングで重機や中古のトラックを購入するという決断を下したことは正解でした。リーマンショック中だったからこそ、中古の重機やトラックが現在では考えられないほど安く購入できたのです。

ほかには、生産ラインが停止し、仕事がなくなった自動車工場の社員を数人、3カ月ほどの短期雇用で受け入れていました。不安がって自主退職した社員は何人かいましたが、解雇はしませんでしたし、社員のボーナスも減らしませんでした。

経営者は内心どれだけ不安でも、気丈に振る舞うこと、泰然自若としていることが必要なのです。そのため、社員は大変な状況に陥ったという感覚はほとんどなかったと思います。もっとも、業績回復するだろうという見込みや自信があったわけではありません。ピンチはチャンスだという美しい言葉もありますが、私からするとそんなのは嘘です。ピンチはピンチでしかありません。想像以上の反対に遭い、本社機能の移転は断念しましたが、リーマンショックのまっ只中で買った土地が同じくらいの金額で売れたのは不幸中の幸いでした。

「すべての出来事は必然かつ最善である」と知り開眼

「経営と金儲けは違う」と指摘してくれた景山さんとの出会いは、私にとって大きなターニングポイントになりましたが、その前に縁があった人物を抜きにして景山さんとの出会い、さらには私自身の人生を語ることはできません。

景山さんと出会った日創研を紹介してくれたのが、大阪のリフォーム会社に勤めるKさんでした。

はっきりと覚えていないのですが、食事の席で私はKさんに愚痴をこぼしていたようです。当時、年間売上は7億円ほどで収益も上がっていましたが、人が大量に辞めていくので、マネジメント面でいつも頭を悩ませていました。人を雇えば問題が起きることもありますが、そのときの私には分かっていませんでした。

そこでKさんが私に紹介してくれたのが日創研のセミナーです。彼が勤めていた会社がその研修を導入していて、Kさん自身も数日間の研修に参加していたのです。Kさんは岡山県出身で地元に対する愛着もあったためか、岡山でリフォームの仕事があれば私たちに解体と廃棄物回収の仕事を発注してくれていました。

その後、岡山で独立し、リフォーム会社を設立したKさんは、リフォームのために必要な解体工事を私たちに発注してくれました。しかし、ほどなくして彼の会社は倒産しました。その解体工事は８００万円ほどの仕事だったのですが、結局、未払いのまま彼は行方をくらましてしまったのです。

私にとってはとても悔しくて寂しい出来事です。払うべきお金を払わない人のことを忘れないのが、人間の性というものです。

しかし、「最善観」という考え方に出会ってから私は認識を改めました。

これは哲学者の森　信三氏が提唱した考え方で「すべての出来事は必然かつ最善である」という意味です。すなわち「わが身の上に起こる事柄は、そのすべてが、私にとって絶対必然であるとともに、またこの私にとっては、最善なはずだと受け止める」ということです。

その考え方に基づいて自身の過去を振り返ったとき、２人がいなければ、日創研にも出会っていないことに気づきました。つまり、日創研と出会うためには、Kさんと出会う必要があったということです。また、リーマンショック前に3億円の土地を手放した際も、その土地の売買を頼んだ不動産業者はのちに、M&Aの候補先として条件のいい会社を紹介してくれました。

人が生きていくうえで、幸せなことやポジティブなことだけを選んで経験するのは不可能です。人生山あり谷ありとよくいわれますが、残念なこと、腹が立つこと、挫折したこと、失敗したことなど、どんなネガティブな出来事も、必然的に起こっていて意味があるのです。

むしろ嫌なことやピンチがあれば、このあと、きっといいことが待っていると考えています。

第三者の視点をもつ

協力者は、自分が得することやプラスになることを提供してくれる人だけに限りません。きれいごとに聞こえるかもしれませんが、私にお金を払わないまま逃げたKさんも、ある意味では協力者です。自分の人生で大事な出会いから時を巻き戻していくと、さまざまな偶然が重なり合っていないと出会わないことに気づきます。しかし偶然に見えることも必然なのかもしれません。それは嫌な態度をとる顧客や苦手な上司、フラれた相手など、一見ネガティブな経験、体験のすべてに通じることです。苦い経験があったおかげで感情をコントロールするすべを身につけられたり、逆境にも立ち向かっていける精神力が鍛えられたりするのもその一つです。

そう考えると、人生に失敗はありません。その瞬間は失敗だったとしても、未来の成功につながっているのであれば、それはもはや失敗とはいえません。その前提に立つならば、新しいことや難しいことに挑戦したほうが絶対にいいのです。

この取り組みがこれからどうなっていくのか、自分の人生を一人の観客として見ている感覚があります。当事者として挫折や失敗を経験すればどん底に落ちるけれども、第三者の視点をもっていれば、冷静に対処できるようになります。

立ちはだかる壁は成長の糧

会社のお金を持ち逃げした常務や、払うべきものを払わずに行方をくらましたKさんのことを思い返して感じるのは、悪い人ではなかったけれど弱い人だったということです。さまざまな事情があったのでしょうし、本当のところは分かりません。誰だって悪い人と思われたくないし、良い人と思われたいものです。褒められたいし、頼りにされたいものです。

そこで試されるのが心の強さです。義理を欠いてはならないという思いで逃げ出したい気持ちに蓋をするのは、つまるところ意志の力でしかありません。

怒鳴られることも覚悟のうえで、正直に状況を打ち明け、お金がないこと、支払いが期限に間に合わないことを話し、返済計画について面と向かって相談して頭を下げれば、ダメだと言う人はそういないはずです。

以前、それと同じような状況が起こりました。旧知の経営者から久しぶりに連絡があったので訝しく思いながら会ってみると、お金を借りたいという相談でした。よく事情を聞けば、すでに多くの借金を抱えており、返済能力がなくなってどうにも首が回らない様子です。深刻な面持ちの彼に向かって、私はこんなアドバイスを送りました。

今まであなたと同じような人を何人も見てきたけれど最後にはみんな返済できなくなっている。それは、頭を下げるポイントを間違えているからだ。まずは支払いが滞りそうな相手のもとに行って謝罪し、事情を説明して猶予を願うのが先だ。次に謝るのは社員だ。あなたは頭を下げるべき相手が10人いるなら、10人のもとに行って謝るのを面倒に感じ、もしくは嫌がっているために、私一人に頭を下げればいいと思っているのだ。ただ、私が今ここでお金を貸したとしても、来月また困るのは目に見えている。それが続いて、挙げ句の果てに倒産して逃げるのがオチだ。しかし10人に頭を下げたら、多くの人が理解を示してくれるはずだ、と話したのです。

そう言うと、彼は納得して引き下がりました。誰でも窮地に立たされると、楽なほうを選んでしまうものなのです。10人から罵声を浴びせられるより、1人から借りたほうがダメージは少なくて済むと考えるのも自然です。

これまでの人生でそういった状況に立たされたことがない人も、人生、何があるか分からないものです。大事なことは、どこに頭を下げるべきかという優先順位は間違えず、苦しい状況から逃げないことです。

この考え方は「立ちはだかる壁は成長の糧です。決して逃げることなく乗り越えます」という社訓にも示しています。以前、経営者向けの講演で、堅実経営を現状維持と混同し、挑戦をしない経営者になってはならない、言葉をすり替えて逃げてはいけないという話をすると、自分のことを言われているようで胸に刺さったといった反応が返ってきました。

大切なのは、逃げるのは良くないという意識をもち続けることです。逃げようとしている自分、逃げている自分を自覚して、できるだけそうならないように自分を律することが重要なのです。

自己の感情に敏感になる

人間は常にポジティブである必要はありません。人間には思考の前に感情があり、感情↓思考↓行動↓結果の順番で動きます。落ち込んでいるときに無理にポジティブに自分をつくり変えるのも限界があります。

いら立ったり、腹が立っていたり、弱気になっていたりするときに、大丈夫だと自分に言い聞かせても簡単に精神状態が変わるものではありません。一方で、楽しい、うれしい、ワクワクするという感情があると、自ずとポジティブな思考が生まれてくるものです。

孔子は「之を知る者は、之を好む者に如かず。之を好む者は、之を楽しむ者に如かず」と語っています。「物事をよく知っている人は、それが好きな人には及ばない。しかし、好きでやっている人も、心から楽しんでいる人には及ばない」という意味です。人間、楽しんでいる状態に勝るものはないのだと孔子は教えてくれています。

いら立ちや不安な感情に向き合うことなく、ポジティブなほうへ思考を切り替えようとすることは、エネルギーの無駄遣いです。ポジティブでなければならないと無理に考える必要はないのです。

大切なのは自分の感情の動きに敏感になることです。いら立ったときは、いら立っていることを自覚して、自分をリフレッシュできる環境に身をおくと、自然にポジティブな思考に向かっていきます。

異業種の不動産業界参入は素直な素人集団で

産廃業界で会社の規模を成長、拡大させていくのは難しいところがあります。地域密着型ビジネスであり、地域で排出された廃棄物は近隣の産廃業者が処理するのが大原則だからです。

ならば拠点（処理施設）を増やせばいいわけですが、地域住民の反対に遭って頓挫するか、理解を得て完成にこぎ着けたとしても数年から10年ほど時間がかかることは覚悟しなければなりません。施設の処理能力も国が定めた基準に従わなければなりません。新規参入が難しい分、安定的ではありますが、フットワーク軽く動けない業界ともいえます。

そういった部分で頭を悩ませていたときに出会ったのが不動産業界です。現在、私たちのグループ企業はフランチャイズに加盟し、岡山県内で4店舗の不動産仲介店舗を展開しています。一戸建て・マンション・土地などの不動産売買の仲介や住宅リフォーム、リノベーションが事業領域です。

2017年の事業開始以来、ほぼ毎年1店舗ずつのペースで出店しており、2030年で10店舗まで増やす計画です。

スタッフは主に大卒の若い人で構成されていて、24人の従業員の平均年齢は30歳です。不動産の専門知識や業界経験が乏しい素人集団であるにもかかわらず、平均年収は業界平均を上回っています。

私たちが素人集団でもうまくいっているのは、ひとえに彼らがまっさらで素直だからです。私たちは入社後の研修でまず、彼らに、不動産を売るとか買うとか思ったらダメ

グループ会社は不動産会社のフランチャイズに加盟して不動産リフォームなども手掛けている

だと教えています。さらに、不動産を売りたい人は高く売りたいし、買いたい人はいい物件を安く買いたいものであるから、それぞれのニーズに寄り添って、お手伝いすることが大切だとも伝えています。

知識や経験がなくまっさらな人たちは、伝えたことを素直に実践します。中途半端に業界経験があり、プライドがあると、自分のやり方は違うとか、前職ではこうしていたなどと反発して自分流のやり方を押し通そうとします。

スタッフは毎日同業者に電話を入れ、先方が扱っている物件を売る承諾を取り付けて、それを売るためにビラ配りをします。それでその物件の売買契約が成立した場合は、紹介元の同業他社と手数料を折半します。地道で面倒なので同じようなことをやる業者はあまりいませんが、誰でもできることをやっているだけです。

私たちは1日にかける電話の本数、あるいは配ったビラの枚数と反響率、成約率をＫＰＩ（Key Performance Indicator：重要業績評価指標）に設定しています。例えば「ビラを１万枚配ると１００人から反響があって、そのうち10人が来店、２人が買う」といった内容です。

１万枚のビラを配るのはかなり大変な作業です。だからといって、ここは配っても効果がなさそうだなどと、中途半端に目星をつけてやると失敗します。電話を入れるなりビラを配るなりやる前から決めつけず、愚直にやり続けることが最大の成果に結びつくのです。

不動産仲介の仕事でのメリットの一つが、２年ほどで一人前になれるというスピード感です。場所や物件の魅力といった商品力もありますが、誰に仲介してもらうかによって大きく左右されるものです。つまり、人で勝負できる仕事だということです。

現在、ナンバーワンの営業パーソンは家族をもつ50代の女性です。手数料だけで年間4000万円を超える売上を生み出しています。

彼女の強みの一つは家庭をもっていることからにじみ出る安心感です。家の購入を考えている人たちのなかでは奥さんが決定権をもっていることが多いので、同じ女性として共感を得やすいということはあります。自分自身も妻として、母として、家を建てたり、選んできたりした経験があるので、言葉に説得力が出るのです。愚直にやり続けることの大切さをその女性は物語っています。

店長と営業パーソン、内勤の事務員で収益を生み出すビジネスモデルで4店舗を運営している今、私は無限に水平展開できるポテンシャルを感じています。場所や立地は関係ありません。そもそも産廃業界を知る身からすると、不動産業は夢のような業界です。新規出店に反対されない、その自由度と機動力の高さは垂涎ものです。不動産業界は人が来ないと嘆く人もいますが、人が来ない苦労を産廃業界でさんざん味わってきた身には、とても恵まれた業界に感じられます。

人で勝負する限り、人材の育成には注力する必要があります。なかでも各店舗の浮沈の鍵を握る店長をどう育てるかは、最重要課題の一つです。そういう背景もあって、現在は新しい採用戦略を練っているところです。

ただし気をつけなければならないのは、お金を稼ぐことを第一の目的としている人を採用しないことです。不動産業は金に汚い、がめついといったステレオタイプもあるように、実際にそういう人もいます。転売ヤーなどと同じく手数料で稼げる仕事なので、金儲け目当ての人が集まりやすい業界であることは確かで、高収入はインセンティブになります。

現在は岡山県内のみで展開していますが、東京や大阪にも同じビジネスモデルで十分通用すると考えています。物件は豊富かつ多様で、競争力が求められるので、都心部のほうが仕事は面白いだろうとも考えています。

ただし、私たちの一番の強みは、解体工事と産業廃棄物処理をグループ会社内で完結させられる相乗効果であり、地理的に離れることでその強みを活かせなくなるので、今すぐに都心部に乗り込んでいくことは得策ではありません。例えば解体工事の依頼を受けた際、所有者が物件や土地を手放そうとしていると分かったときは、グループ内で不動産仲介業を手掛けていることを伝えて査定をもちかけることができます。そこで断られることはめったにありません。不動産仲介業のみを単体で遠隔地に展開しても、同じ手は使えないわけです。

「新幹線型」の組織で長期的な未来を見据える

理想的な組織のあり方は時代とともに変わってきました。上層部の指令やノルマに従う上意下達のトップダウン型の組織から、社員一人ひとりの意見や思考が尊重されるボトムアップ型の組織を経て、組織のピラミッドをなくし個人の意思決定が経営に反映されやすいフラットな組織へといった具合です。

昭和の時代は特に、リーダーシップやカリスマ性が強いのが理想の経営者像だったように思います。稲盛和夫氏や松下幸之助氏をはじめとする名だたる経営者を思い返せば、同じような傾向が見いだせます。

私が目指している組織のあり方は「新幹線型」で、動力車が分散されて配置されているイメージで16両編成の新幹線は途中に4両ほどの動力車が挟まれています。前の客車を押し、後ろの客車を引っ張る役目を果たす動力車は、会社でいうところの管理職にあたります。これに対して「機関車型」があり、これは強い牽引力をもつ機関車が連結する客車を引っ張っていく構造で、2両目以降の客車は自力で動けないのです。

長期的な未来を見据えたとき、持続可能性が高いのはカリスマに頼らない新幹線型の組織です。組織のあらゆる階層の人々によってリーダーシップが発揮され、社員一人ひとりが自律的に動ける組織こそ、本当に強い組織となるのです。

私の会社でも、私はもう現場の社員に直接指示を出すことはありません。それぞれの部隊でリーダーを務める者がマネジメントしています。私がいなくなっても回っていく組織というのが一つの理想です。健全な組織であるためにはトップが果たす役割は大き過ぎないほうがいいのです。社員一人ひとりのモチベーションに大きく関わっているのは直属の上司の存在です。この人の期待に応えたいとか、この人が頑張っているから自分も頑張りたいといったモチベーションを抱かせるのがいい上司です。

私が管理職の社員に求める最大の要素は面倒見の良さと熱心さです。あくまでも人柄優先です。仕事を要領よくテキパキこなせることや物事を筋道立ててうまく語れることも大事ですが、それよりも人柄に重きをおきます。いわゆるデキる上司ではなくていいのです。もちろんリーダーシップには先天的な能力によるところもありますが、部下とコミュニケーションを取って信頼関係を築く能力や技術は後天的に磨けるものです。マネジメントする人数も100人などではなく、多くても20人程度なら難しいことではないと考えています。

リーダーにならないかという話をもちかけると、人前で話すのが得意ではないから向いていないとか、自分は人の上に立つ人間ではないなどという反応が返ってくることもあります。その気持ちは理解できますが、私はよく自転車のたとえを用いて彼らが前向きになれるように促します。

最初から自転車に乗れる人はいません。誰でも、転んで腕や足を擦りむきながら上手に乗れるようになっていくのです。しかし、けがをしたくない、苦手だといって遠ざけていたら、いつまで経っても乗れるようにはなりません。リーダーも同じで、やったことがないからできないと思うだけで、やってみて練習すれば、いつの間にか必要な能力が身についているものなのです。

自分が苦手なことやストレスを感じることから逃げていたら人間は成長できません。社員が自分で自分の可能性を閉ざす、もったいない人生を歩まず、挑戦して新しい扉が開く機会を得られるようにこれからも働きかけていきます。

選択肢を広げるために学び続ける

人は、何のために学ぶのかという普遍的なテーマがあります。この問いについて考えたとき、浮かんでくる一人の知り合いがいます。私の親戚の息子で、彼は東大を卒業後、誰もが知る外資系企業に就職し入社1年目の年収は800万円です。彼は医薬品メーカーの研究員という道を選びました。望めば、霞が関の官僚にも、総合商社や電機メーカーに勤めることもできたはずです。人生の選択肢が広がっているわけです。

私自身は高卒で、学歴によって人の優劣を測るつもりはありません。東大を卒業したこと自体に、いいも悪いもありません。ただ現実として、学歴は人生の選択肢の幅に大きく影響します。高卒、中卒では、医薬品メーカーの研究員にも、霞が関の官僚にもなるのは非常に難しいのが現実です。医者や弁護士などは、猛烈に勉強して国家試験に合格すれば道が拓かれますが、その道を目指す高学歴の人たちの一般ルートよりはるかに険しい道のりになります。

学びが選択肢を増やすのは、経営者とて同じです。経営者が何を選ぶのかという舵取りによって、社員を幸せにすることもできますし、路頭に迷わせることにもなります。だからこそ経営者に求められるのが、一つでも多くの選択肢をもっておくことです。そのために、新たな情報や学び、人脈を得る責任があります。

経営者がそういった努力もしないまま、立派な理念を掲げて社員を幸せにしようと考えるのは、おかしな話です。忙しいから勉強できないという思考に陥っているときは、危機的状況だと認識しなければいけません。

心から思わなければ意味がない

以前私は経営理念をつくるためのセミナーを5回受講しました。そこでは、自分が考えた経営理念を講師に添削してもらい、内容を磨き上げていきます。

確かに経営理念をつくることを目的にすれば、それほど難しい作業ではありません。ベンチマークとする会社の経営理念から参考になるものを抜粋して組み合わせれば、それなりのものはつくれます。しかしそれなりの域を出ません。

よく社員に理念が浸透しないという相談を受けることもありますが、まずは社長がその経営理念を心から実現させようとすることが大切です。社長が本当に思って行動に移していれば、自ずと幹部や管理職、一般社員にも伝わっていくものです。逆にいえば、思ってもいないのに言葉だけを朝礼で繰り返し言ったところで成就するものではありません。

経営理念は軽いものではありません。自分で理解して納得できていない経営理念は、しょせん絵に描いた餅です。情熱の伴わない理念やビジョン、目標を掲げたところで、達成できるものではありません。なぜなら、心から思っていないことは途中でモチベーションが尽きてしまうからです。

会社や仕事は自分の人生を充実させるための手段です。自己中心的に聞こえるかもしれませんが、私もある意味、自分の夢を実現するために必要だから会社を経営しているのです。まず自分のためであって、結果として会社のためになれば自分の夢の実現に近づけます。

私たちの会社は研修を多く取り入れています。あくまでも自分が成長したり、自社を成長させたりするためのツールとして使ってもらっているだけです。研修を多く取り入れながら偏らないように、他の研修にも積極的に参加しています。

研修そのものが目的ではなく、自分が成長したり自社が成長したりするための手段です。社員にも、自分のため、自分の大事なものや夢、家族のために頑張りなさいと伝えています。

会社で義務としている研修も同じです。自分のために学び、成長する喜びを知ってほしいのです。課題図書について感想文を書く義務を与えながら、感想文を書くのであれば違う本でも認めています。社員が自分の成長のために自主的に動くことを大事にしているからです。

第5章

ゼロ・エミッション
――エネルギーの地産地消による地方創生
「エコビレッジ」の成功が地域を活性化させる

過疎地に水平展開できるモデルづくりを

自社農園のある岡山県の牛窓地域にはバブル景気の頃、30軒近いホテルやペンションがありました。しかし年々減少し、今もそのまま放置されているものもあります。

2019年6月、廃業したテニスクラブが建っている土地を購入しました。ゼロ・エミッションという社会課題の解決と、エコビレッジ構想実現の手始めとしてモデルケースにするのが狙いです。3階建てのテニスクラブの建物とテニスコートを自社で解体工事し、廃棄物処理、整地まで終えました。そのうえで、コーヒーとバナナを栽培する7棟のビニールハウスを設置し、木材チップを燃料とした温風発生機、自家発電用の太陽光発電パネル、地下120メートルを掘削して良質な天然水の水源が準備できました。熱源、電気、水というインフラを自社供給しようというわけです。

そこから徒歩10分のところにグランピング施設を建設し、既存の倉庫を借りて改装したのがグランピングのフロント棟です。

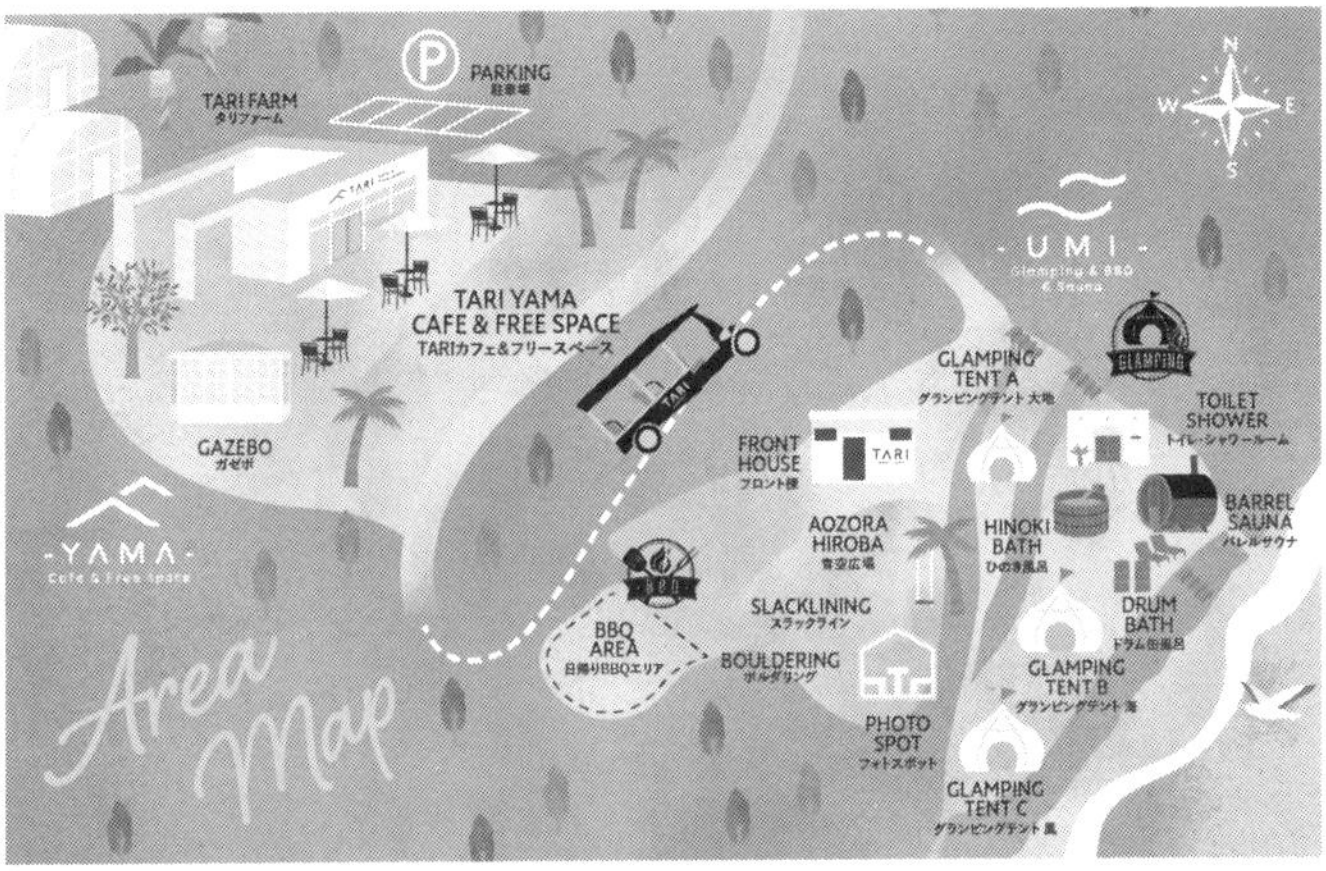

（上）牛窓で建設を進めるレジャー施設全体のマップ
（下）観光客の送迎に使用しているトゥクトゥク

現在グランピングのテントがある場所は、以前は整備された道もなく水道管も通っていませんでしたが、海を臨む絶景を一人占めできました。目の前には砂浜が広がり、あたかもシークレットビーチのような環境です。

すばらしい場所を活用するため、私は木々が生い茂っていた道を整備し、自己資金で水道管を引きました。週末や祝日、長期休暇に家族連れが訪れる場所を目指して2022年夏にバーベキュー・グランピング施設をオープンしたのです。バレルサウナ、パターゴルフ、ボルダリング、スラックライン、子ども向けプールなど、今後も遊べるコンテンツを一つずつ増やしていく予定です。

バナナ・コーヒー農園からグランピング施設まではトゥクトゥクで送迎しています。トゥクトゥクとは、東南アジアを中心に普及している三輪タクシーです。7人乗りで扉も窓もなく、風を感じることができます。乗客からは「わーっ」と歓声が上がり、開放的な雰囲気を楽しめます。

2023年6月にはカフェをオープンしました。向かいの農園で栽培している国産の

エコタンファームにオープンしたカフェ

希少なバナナを使用した自社ブランドのバスクチーズケーキ、フィナンシェ、バナナの生かき氷や、同じ場所で栽培しているコーヒーを飲んでもらい、地元の食材を使用したフードメニューを楽しんでもらえる場所です。カフェスペースは、将来的にはコミュニティーイベントや週末マルシェ、貸切スペースなどさまざまな用途での活用を予定しています。

また、地下水を使った池でエビの養殖をする計画を立てています。それは温風発生機を冷却する過程で出る温水を有効活用したいと考えたからです。

バナナやコーヒーの栽培も、化学肥料、農薬をいっさい使わない方針なので、相当手間がかかります。当然人件費もかかります。

ビジネスとして採算に合うか合わないかを考えていたら、こんな事業をやろうとは考えません。社会課題の解決のために計画したのです。私が未来に描くエコビレッジ構想全体で約3万坪の敷地を確保し、50億円もの予算をかけて取り組む予定です。そのため無謀だと言われても反論できません。しかし、すべて同時に実現するのが難しいからやらないのではなく、全計画の10分の1でもいいから少しずつ実現させていこうというのが私の考え方です。ビジョンが実現すれば、十数人のスタッフを正社員として雇用できる見込みです。

エコビレッジ構想実現の出発点となる牛窓町ですが、地元・瀬戸内市の地域の方々からも応援してもらっていますし、視察に来た方も大勢います。将来エコビレッジ構想で描いた事業が成功すれば、他の地域にも産業が生まれ、雇用が生まれ、活気が取り戻せて水平展開ができると考えています。

経営者にいちばん必要なのは情熱

事を成就させるために経営者に一番必要なものは情熱です。二番目が協力者で、お金の優先順位は下のほうなのです。

私が実現したいと夢見ているエコビレッジ事業には、多額の資金が必要です。周りの経営者からは「お金に余裕があるからできるのだ」とよく言われますが、そんなことはありません。年商約35億円の会社の自己資本のみでこれだけの事業をまかなえるはずもなく、融資が欠かせません。

一般的に銀行から融資を受ける際は、事業計画書を丁寧につくり込んで、担当者から融資課長、支店長の承認を得るものです。しかし、その前に経営者に情熱はあるのかと問いたいです。その情熱が周囲を動かすのです。

牛窓町のエコビレッジ事業についても同様で、私のビジョンを語ったとき、ある銀行の支店長は、すべての融資を単独で引き受けさせてほしいと申し出てくれました。付き合いが長いというほどではなく、義理人情で言っているとも考えられません。

本業である産廃処理事業が安定していることもあるでしょうが、私という人間が描いたビジョン、情熱に投資してくれた面はあると思います。ただ、結局は私という人間への信用を基に、私という人間に対して投資してくれているのだととらえています。銀行という協力者を得たことによってお金が手に入ったわけです。

最も大切なのは緻密な戦略でも説得力のある理論でもなく、理念やビジョンを実現しようとする情熱です。情熱が協力者を増やし、協力者を得ることによってお金が集まっていくのです。

競争ではなく地域全体で発展

食品由来の廃棄物、食品残渣《ざんさ》を発酵させて液体肥料にし、農場でその液体肥料を使って育てた野菜をマルシェで販売するなど、全国には、私たちと似たようなエコビレッジ事業をすでに実践している産廃業者もあります。あるいは実践する計画を立てている同業他社もそれなりにいると思います。しかし、私が描いているエコビレッジ構想とは違います。商品を販売することが目的ではありません。

なぜなら、エコビレッジ事業は一般客を対象とする観光ビジネス的な側面をもっているからです。つまり、瀬戸内市や岡山市にとどまらず、岡山県外や海外からも観光客を呼べる可能性を秘めています。極論すれば、大手の産廃業者がよりスケールの大きいエコビレッジを近くでやることも大歓迎です。過疎化する一方の地域を皆で発展させればいいととらえています。

例えば温泉地であれば、エリアに温泉旅館が1軒しかないよりも、10軒集まっているほうが訪れる人の母数が増えるので集客はしやすく、複数あることで相乗効果が生まれます。隣に温泉旅館が建てば客を奪われるという思考ではうまくいきません。消費者の立場に立てば、旅館の選択肢が増えるのはうれしいことだからです。

地域として一つのパッケージにしようとしているモデルとして大分県の由布院（湯布院）や熊本県の黒川のような温泉地があります。

「街全体が一つの宿　通りは廊下　旅館は客室」をキャッチフレーズとする熊本県の黒

川温泉は、旅館組合が主導し、自然の雰囲気を壊さないように統一的な街並みをつくり出す方策を取ったことで、人気の温泉地へと変貌を遂げました。すべての旅館の露天風呂のなかから3カ所を選んで自由に入れる「入湯手形」は、地域全体の発展を目指したもので、全国の温泉地で同じような試みが導入されています。

牛窓地域では、グランピングができてから活気づいてきたという声をよくいただきます。近隣には野菜を中心としたレストランや、滞在型のペンションが新築されています。周りの人と一緒に地域を盛り上げていこうと、協力者や仲間が増えてきたことは心強く、今後の私たちの励みになっています。

これこそが相乗効果です。地域密着型の産廃業者は競争や奪い合いを経験してきましたが、エコビレッジ事業は、皆で発展していけるところが魅力なのです。

マインドセットが停滞を打開

ひとくちに産廃業者といっても、得意分野は会社によって異なります。アスベストなど、爆発性や毒性・感染性がある特別管理産業廃棄物の扱いを強みとしている会社もあれば、食品廃棄物や医療系廃棄物（感染性廃棄物）などを主軸としている会社もあります。グループ会社で空き家解体工事を請け負う私たちが得意分野としているのは、がれきや木くずなどの建設系廃棄物です。

建設業界に限ったことではありませんが、なにかと業界動向を気にかけて、時代の波に左右されやすい業界だとか、業界がどんどん縮小していっているなどと話をする人がいます。確かに、高度経済成長期のように新築の建物を次から次へと建てる時代はとうに過ぎ去っています。SDGs的発想というのか、古い建物をリノベーションして生まれ変わらせ、今ある資源をいかに活かすかという価値観に変わってきました。

今後も先細りしていく業界だからといって私の会社が同様にそのあおりを受けるとは考えていません。前向きにチャレンジする会社は生き残れるはずです。志に向かってチャレンジを続けることで一歩も二歩も先を行けると考えているからです。

コロナ禍の宿泊施設や飲食店を見ても、その傾向は顕著に表れています。コロナ禍のダメージを受けていない飲食店はありませんが、そのなかでも予約をとれないほど繁盛する店はありました。外食をする頻度が半分に減り、以前はいろいろな店にあれこれ行っていたけれど、今は苦境を打破しようと努力している店にしか行かなくなったということです。10店舗中10店舗とも生き残ることはできませんが、生き残れる店舗は必ずあります。しかも顧客の数を増やせるチャンスもあるのです。パイが半分になったら売上も半分になるという単純な話ではないのです。選ばれる店にならなければいけないのです。

つまるところ、地方の経済が停滞している根本的な要因は、中小企業の経営者のマインドセットにあるのです。地方には何もないから、土木も公共工事も減ってしまったから、この先厳しい未来が待ち構えているといった諦めムードが、地方の衰退を加速させてしまいます。中小企業こそ頑張りたいです。

現に、魅力を打ち出そうと頑張っている一部の地域には、多くの移住者が集まっています。一度は地域の小中学校を休校したものの、子どもが増えたために再開したというケースもあります。移住や転職に対するハードルが下がり社会の流動化が進んだ今、チャンスはいくらでもあるはずなのです。

自らと向き合い行動を起こす

私は毎日「願望実現ノート」を書く習慣を20年ほど続けています。単に願望を書き留めるだけでなく、自分自身と対話し、時に自分自身に励ましてもらいながら願いを実現するためにすべきことを日々考えています。振り返ってみると、こうして書き留めた願望のなかにはすでに実現したものも数多くあります。もちろん書き留めるだけで実現したわけではなく、そのプロセスとして自問自答を繰り返し、行動に移したからできたのです。

社会や誰かを批判することは簡単です。しかし、原因を突き止め、解決策を導き出し、変えるために行動を起こす人は限られています。なぜなら、自分と向き合うこと、考え続けることはとても根気がいる作業だからです。

人も人生も思いどおりにはなりませんし、人生では思いがけないことが多々起こります。しかし、自分が考えて設定したゴールなら、自分の意志でたどり着くことができると考えています。ゴールを考えることができれば、どうしたら達成できるかも考えることができるからです。

私はあいまいな物言いをよしとしません。社員が「〜しようと思います」という言い方をすると、すかさず、思うなと指摘します。「最近いろいろあってバタバタしていまして」と言うと、「いろいろ」と「バタバタ」の中身をせめて二つ挙げなさいと注意します。あいまいな表現で考えることを怠ってはいけません。物事は明確に具体的にしていきなさいと指導しています。

私の会社では毎月、提出課題を設けており、それもきちんと文章を読んで考えないと解けない問題をアレンジして用意しています。常に考える習慣を身につけようと努力しています。

伸びしろに溢れた中小企業

これまで私は何件か、産廃関連の業者とM&Aを行ってきました。しかし、それらの会社はすべてが優良企業だったわけではありません。なかには資金繰りや従業員教育に課題を抱えている企業も見受けられ、この会社なら買わないという選択をする可能性のほうが高い場合もあります。丁寧にデューデリジェンス（事業価値評価）をすれば手を出さないほうがいい物件です。

実際、M&Aのフローを進めていくと壁にぶつかり、なぜ買うのか、なぜわざわざしなくてもいい苦労を背負い込むのかという思いが湧くこともあります。一方で、その会社をグループ化したときの相乗効果に大きな期待を寄せています。

またM&Aののち、互いの強みを発揮し、相乗効果を生み出す過程が、経営幹部や社員にとっては勉強になります。だからこそあえて、今後もM&Aを積極的にしていこうと考えているのです。

しかし、これまでに、自分の会社を買ってくれないかという申し出を断ったことは何度もあります。物理的に距離が離れていて私たちとの相乗効果を期待できないとか、事業領域が合わないとか、金額の折り合いがつかないといったことが理由です。

M&Aを進めていくなかで私が感じたことがあります。それは、中小企業は改革の伸びしろの余地が大きいということです。

私自身、いくつものセミナーを受け、経営のあり方を根本から見直したことで、会社が生まれ変わっていくのを経験したのです。それまで特別な経営の勉強をしたことのない私でもできたのですから、他の経営者でもできるはずです。社員教育どころか朝礼もないところもあります。朝礼の導入や社員教育のしくみづくり、理念を打ち立て、ビジョンを指し示すことで企業は変わっていきます。伸びしろに溢れた中小企業はポテンシャルの宝庫なのです。

先入観なく人を活かす

就職活動で学生が企業を選ぶのと同時に、企業も学生を選んでいます。当然、選択の機会が多いほうがうまくマッチングする確率は高まります。

地方で生きる産廃業界の中小企業というハンデもあり、私たちはこれまで採用活動に苦戦してきました。応募してきた5～6人から3～4人を、6～7人から5～6人を選ぶことが当たり前だったのです。人材が足りないためにやむなく雇用したものの、結果的には社風に合わず、辞めていった人もいます。

今後は採用をより強化して、応募してきた100人から5人を選ぶような状態にしたいと考えています。そのために必要なのが、社内でキャリアパスを描けるしくみづくりと成長したい人たちに提供するポストです。

産業廃棄物を回収するトラック運転手についても、自動車や重機の運転免許の取得費用を補助する、資格取得支援制度を設けています。高卒で入社した社員はおおむね2年も経てば一人前になるので、いいタイミングで大型免許やクレーン免許を取りにいくように声を掛けます。もちろん、免許を取得し扱える車両が増えれば、給料も上がるしくみにしています。

私たちは2017年頃から、地元の障害者支援学校と提携し、毎年、精神障害者の手帳を持つ人たちを雇用しています。現時点では、グループ全体で7人の障害者がいます。辞めてしまう人も一定数いるのですが、雇用は続けていくつもりです。

抱えているハンディキャップに合わせて、自動車の免許を持っている人には重機を運転する免許を取ってもらったり、選別ラインなどの作業を担ってもらったりする形になります。その人のスキルや特性に応じて、より発展的で複雑な仕事にもチャレンジできる機会を用意しています。大事なのは、レッテルや先入観で人を判断しないことです。

現実を直視せよ

私の会社では社員教育の一環として月刊誌『理念と経営』（コスモ教育出版）を読んで設問に答える課題を出しています。自分だけの視点では学びは限定されるので、彼らが提出した感想文や1週間の良かった点と気づきを書く週報に対しては、上司や私がフィードバックして本人に戻しています。

第一に顧客満足を考えないといけない、仕事は常に工夫をしなければならない、などのいい考え方に触れ、いい言葉を覚えることで人は変わっていきます。課題なので強制されているように感じている人もいると思いますが、最初は嫌々でも、続けていれば本人がその効果や成長を実感し、学びを得る面白さを知ると信じています。

20年ほどそういった取り組みを続けています。20年前は年商約10億円でしたが、今は3倍以上になっています。社員のあいさつや礼儀正しさ、電話の対応、現場での立ち居振る舞いがよく褒められ、業績向上は教育が役立っている証しだと考えています。

私は求人募集に応募してきた人に対して、自身の価値観と会社の価値観が合わなかった場合には一緒にやらないほうがいいと伝えることがあります。甲子園優勝を目指している高校球児と、土日だけ草野球を緩く楽しみたい人たちが同じ部活動で練習をするのは無理があるからです。

優劣も善悪もありません。単純に価値観がマッチングしないというだけです。動物が苦手なのに動物を扱う仕事をするのは無理があり、続かないものです。人間としてダメなのではなく、単に適性がないだけです。

人材採用には苦戦した時期が長かったので、無料求人媒体に載せたり、賞与を年3回にしたり、多めの広告費を払って求職者の目に留まりやすくしたりと、あの手この手で求職者の気を引こうとしたこともあります。確かに応募者は増えて一定の効果がありましたが、私たちが方針を変えない限り、いずれふるいにかけられていきます。つまり、長期的に見れば効果的ではないと判断し、初めから絞ったほうがいいという結論に達したのです。

互いにミスマッチだと感じているのに、辞めないように従業員に気を使っても何のプラスにもなりません。ただトラックに乗りたいだけだとか、他者に関心がないという人は私たちの会社には合わないので、そういう価値観が許容される会社に転職したほうが幸せなのです。

そもそも日本は戦後、空前の経済成長を果たし、約20年後にはオリンピックを開催できる国にまで変貌を遂げました。さらにその後、世界の頂点にまで上り詰めた時期もあります。実現できたのは、皆が一致団結して復興に向けて働いたからであって、それが国の発展にもつながっていたのです。プライベートな時間を優先する考え方が広がっていますが、仕事のなかに成長を見いだす生き方をしてほしいと私は願っています。真剣に仕事に取り組み、社会課題解決企業として存在意義の高い会社に、社員とともに成長していきたいのです。

いまや、国際社会からも注目を集めたかつての日本の面影はありません。パイが縮小しているなかで、勝者と敗者がはっきりと分かれる二極化の時代に突入しています。しかし学校現場では、競争のない運動会や順位をつけない教育を受け、一部では賛同されています。私はその風潮に対して疑問を抱かずにはいられません。公平と平等はまったくの別物です。現実の社会では、飛行機の座席にクラスがあるように、支払った代償や成し遂げた成果に応じて明確に差が存在するのです。社会では他人や他社と比べて好きなほう、気に入ったほう、得をするほうを選ぶことが当たり前です。

私自身、新入社員に対する研修では必ずこう伝えています。

「学生のときは平等な世界でのんびり平和に過ごせていたかもしれない。それは先生や大人にとって、あなたはお客さんだからだ。君たちがこれから生きていくのはある意味で不平等な世界だということは肝に銘じていてほしい。

例えば、世の中にいろいろなレストランがあるからといって、1軒ずつ全部を回ることはしないよね？　自分が気に入ったところにしか行かない。それはつまり、えこひいきしているということであり、あなたたちもそうされるということだ。

だからあなたたちもスキルや人間力を磨いて、お客さまがえこひいきしたくなる営業パーソンになる必要がある。同じ条件なら、あるいは多少値段は高くても、この人がいるから任せようと思ってもらうのが営業の仕事なんだ」

最近の若い人たちは大事に育てられ過ぎているともいわれますが、彼らだけを責めるのは筋違いです。厳しさに対する免疫力を高める機会を与えなかった大人や社会の問題でもあります。だからこそ、人間的な教育という面で会社の負う役割は大きいのです。

環境創造企業として、Z世代や女性が活躍できる会社であり続けたい

振り返れば、私たちは最初の頃は単なる鉄くず回収業者として事業をスタートしました。そのあとは産業廃棄物処理業でした。引っ越して中間処理施設をつくり、そして今の会社を設立してからは資源創出業と名前を変えました。さらに、２０１７年からは環境創造業という事業領域に変えて、社会課題解決を生業とする事業に取り組んでいます。

私たちは特に不動産関連事業のグループ会社の中核社員として、Z世代といわれる層

の大卒20代の人たちに活躍してもらおうと積極的に採用活動を続けています。さらに、営業社員では主婦をはじめとした女性たちが大きな戦力となっており、これからも重要な担い手として女性社員が活躍できる会社であり続けたいと考えています。

大切にしているのは社員教育です。例えば不動産関連事業では、不動産を売る、買うということではなく、顧客とともに同じ方向に向かって歩む、サポートしていくようにすることです。もともとは素人集団ではありますが、若い社員や主婦たちがいまや大きな戦力になって活躍してくれています。

私たちのスローガンは「もっと良い方法がないか考えよう」です。いつも常に、今よりもっと良い方法は絶対ある、と信じて思考を停止せずに、大胆かつ柔軟に、考えに考え続けること、そしてどんなときでも情熱をもち挑戦し続けることこそが重要なのです。

中小企業は大企業と比較して資本力はありません。けれども発想し続けることはできます。いちばん大切なのは、ビジョンや理念をなんとかして実現しようという情熱です。そういったことに力を合わせて取り組んでくれる、Z世代や女性たちがどんどん出てきてほしいと、これからも求めていきたいし、担い手が現れてくれることを願っています。
その一人として期待しているのが、現在入社3年目の女性社員です。彼女の思いを彼女自身の言葉で紹介します。

私は大学で社会共創学部に所属し、環境サステナビリティコースで環境問題などについて学んでいました。就職活動は「人材業界」と「営業職」という2つの軸に基づいて進めていたのですが、ピンとくる会社と出会えないまま悶々としていたときに知ったのがインテックスです。

その説明会で印象に残ったのが「エコビレッジ構想」です。事前にホームページを見て理解していたつもりだったのですが、計画だけに終わらず、実現に向けて着実に進んでいて、一つひとつの事業それぞれが関連しているところに惹かれたのです。

入社前から挑戦を厭わないベンチャー企業のような雰囲気を感じていたのですが、入社後はさっそく想定外のことが起きました。希望していた営業職を務めるかたわら、廃棄物運搬車の配車システムを新たに導入する業務を任されることになったのです。しかも既存の製品やフォーマットなどを使わずに、インテックス独自の配車方法と営業パーソンの動きを把握したうえでシステムをオーダーメードで構築する必要がありました。

まだ会社のことも社会のこともよく分かっていない入社直後から取り組み始め、聞けば何でも教えてもらえるという新入社員の〝特権〟を最大限活用しながら1年と少しかけて完成させ、本格始動させたのは2022年7月のことです。

一方の営業では、主にルート営業をしながらほかのお客さまをご紹介していただくという形でお客さまの輪を広げています。自分の対応や創意工夫次第で成果も変わるところは、面白い部分でもあり難しい部分でもあります。

なかでも思い出深いやりとりがあります。ある日、お得意先さまから「知り合いの会社（A社）が廃棄物処理会社に回収を依頼しているんだけど、その会社が回収に来てくれないから廃棄物がかなり溜まっている。一度現場に行って見てもらえないか？」という電話がかかってきたのです。

すぐにA社の方とアポを取り、現場に駆けつけたところ、確かに箱に収まらないほど廃棄物が溜まっていました。見るに見かねてその場で回収の期日や見積もりを提示した結果、すぐに契約をいただくことができました。その後もヒアリングを重ねるうちに判明した、廃棄コストをできるだけ抑えたいというニーズを叶え得る方法をいくつか提案しているうちに、定期的なご依頼をいただけるようになったのです。

振り返れば、そのスピード感が鍵を握っていたのだと思います。日頃から上司に何か質問するときも「どうしたらいいですか？」と聞くのではなく、「私は○○と思うのですが、○○さんはどう思われますか？」などと、自分の考えを述べたうえで聞くように教わってきたことも役立った気がします。

大学で学んだことを自分の仕事に活かせている人はあまり多くないなかで、自分は恵まれていると思います。

ありがたいことに、2年目の終わり頃から新入社員のインターンシップや会社説明会、一次選考など採用にも携わらせていただいています。環境問題に興味をもっている人たちやインターンシップを終えて満足そうに帰っていく人たちを見ていると、もっと仲間を増やしていけそうな可能性を感じます。そんなふうに、自分が主体的、能動的であれば、さまざまなチャンスを与えてもらえるのがこの会社の魅力です。

私自身、エコビレッジ構想が実際にどう具現化されるのかイメージは湧いていないのですが、実現しないのではないかと疑ったことはありません。きっとそれは金山社長を見ているからだと思います。

語弊のある言い方かもしれませんが、金山社長は少年のようにいつもワクワクしていて、夢の実現に向かって躊躇なく進んでいる方です。その姿勢があるから、幹部をはじめとした社員の人たちがついていっています。「お客さまのお困り事を解決する＝傍《はた》を楽にするために働く」と金山社長はよくおっしゃっていますが、その意識が仕事の軸になっている気がします。

彼女のような女性社員がどんどん育っていくことが、自社も社会も変えてくれると期待しています。

仕事の「自分ごと」化が人生を充実させる

人間は都合のいい生き物です。自分が消費者として選ぶ立場にあれば、値段や立地、味などいろいろな条件を総合的に考え合わせて店を選ぶのに、選ばれる側になった途端、そういった消費者側の心理を忘れて自分の損得を考えてしまいます。

数字がとにかく苦手だという人も、自分の給料が少し減ったら必ず気づきます。人と会話するのが苦手だという人も、自分が話したい相手とならおしゃべりを続けています。私は自分に都合のいい言い訳はしないようにしています。

違いが生まれる根本的な要因は、仕事が他人ごとではなく「自分ごと」になっているかどうかです。社員が社長とすべて同じように考えなければいけないなどとは言いません。しかし少なくとも自分の人生の3分の1の時間を仕事に使うのであれば、その時間を自分ごととして取り組まないのはあまりにももったいないということは確信をもって言えます。私は、自分の人生をより良くするために仕事をする人と一緒に働きたいのです。働き方改革により、ワーク・ライフ・バランスが重視される世の中になりましたが、仕事をするからには夢中になれたほうが人生は面白いのです。

誤解を招かないように補足しておくと、私は決して、長時間働いてくれと言いたいわけではありません。家庭やプライベートは二の次で、会社のために身を捧げる昔のモーレツ社員を賛美するつもりもありません。私が言いたいのは、仕事をする時間を最大限価値のあるものにしましょうということです。

もちろん、仕事で活躍したいと希望する人たちにそれが叶えられる環境を整えるのは私たち経営陣の役割です。成長したい若手にとって、目の前に定年まで管理職のポストに留まっている中高年の社員がいれば、モチベーションは大いに削がれてしまいます。それを防ぐために、事業の規模を拡大したり、事業の幅を広げたりして、やる気のある人が活躍できる場と機会を提供することが必要です。

一般論として、40～50歳代くらいになると、成長が緩やかになってきます。在籍年数で評価して給料を上げてほしいという声もあります。確かに会社にとっては功労者ですし、これまで助けてもらったことに感謝しています。しかし、給料というものは、売上や収益、付加価値を生み出した対価として支払うものです。私はそういうとき、給料を上げてあげたい気持ちはあることを示したうえで、上げる理由にあたる成果を尋ねます。しかし、年功を理由に給料を上げてほしいと頼みに来る方のなかには、成果を私に語ることができない方もいます。最近家を建てたとか、子どもが高校に進学したとか、自分の都合を理由にしていたのでは、会社が給料を上げる理由としては適切とはいえません。

個人的には気持ちは分かるのです。もちろん給料は上がるほうがいいに決まっています。しかし、家を建てるとか、子どもが高校に進学するとかいったことを顧客に話して、値上げに納得してもらえるか考えてみる必要があります。自分の仕事を請け負っていたドライバーが同じ理由を口にして、運送代を上げてほしいと言ったら、自分なら上げるだろうかと思ってみてほしいのです。もしそれで、おめでたいことだから上げてあげようと言うのなら、私も彼らの言い分を認めて納得できます。しかし現実的にはそうではありません。彼らは自身のパフォーマンスを上げ、顧客に貢献し、成果を上げることでしか、報酬を得ることはできないのです。

年齢が高く勤続年数が長い社員ほど、賃金が高くなる年功序列的なやり方だけに頼ってはもはやうまくいきません。給料を会社からもらっているのではなく、会社という手段を使って、顧客から給料をいただいている感覚を皆がもてるような組織づくりを進めていかなければなりません。

しかし同時に、そういうポジションや仕事は、社員が自らつかみ取るものでもあります。会社からやりがいを与えてもらうことを期待するのではなく、本人もやりがいを感じられるように自分自身で創意工夫することも大切です。

成長したい、豊かな暮らしを提供したい、誰かの役に立ちたいという情熱は尽きないものです。若い頃はお金儲けを目的として生きていた私自身が、そのことを強く実感しています。ある程度お金を稼げるようになると、そこから自分を突き動かす馬力はついえてしまうものです。

腹が立つ、負けたくない、悔しいといった感情を、私はハングリーモチベーションと呼んでいます。瞬間的な強いエネルギーを発揮しますが、一種の着火剤のようなもので、長くは続きません。一方、もっと自分も豊かになりたいし、周りの人や社会の豊かさにも貢献したいという思いを、私はハッピーモチベーションと呼んでいます。ハッピーモチベーションは瞬間的なエネルギーはありませんが、エネルギーそのものは長続きします。

私自身、ハングリーモチベーションをエネルギーとしてお金儲けだけを追い求めていた時期もあります。経験を重ねた今の私には、悔しさや負けたくないという気持ちが薄れています。エコビレッジ構想、すなわちゼロ・エミッションの実現に向けてのエネルギー源は、情熱や理想を追う次のステージのハッピーモチベーションなのです。

「なぜ、人生において『成長』が大切なのか。それは、人生において『成功』は約束されていないからです。しかし、人生において『成長』は、誰にでも約束されている」とは多摩大学大学院名誉教授の田坂広志さんの言葉です（田坂広志公式サイト）。日々成長し、社会に貢献できている実感は、何物にも代えがたい喜びがあります。私は社員にもその喜びを味わってほしいのです。

私たちの会社の経営理念は「資源の有効活用と再生を通して人と環境を育み、日本の豊かな未来づくりに貢献します」です。傍目にはエコビレッジ事業は無謀に見えるかもしれませんが、会社が成長していく過程を社員に見てもらい、一緒に成長してほしいのです。私が取り組んだことがどういう結果を生み出すのか、社員には身近なお手本として見てもらえればいいわけです。そのことを通して豊かな人生を目指して挑戦することの大切さを知ってもらいたいと考えています。

私たちの事業活動に少しでも興味をもってくれる人が増えて、社会課題の解決への挑戦に加わってくれることを願ってやみません。

おわりに

私は昨年、ＫＳＢ（瀬戸内海放送）という地方テレビ局の取材を受けました。地元の高校生が企業や団体を取材し、それぞれの取り組みがＳＤＧｓにどう結びつくのかを考えるという趣旨の番組です。

取材で接点をもった高校生に「何のために仕事をすると思うか？」と聞いたところ「お金を稼ぐため」「生活していくため」という答えが返ってきました。

そこで私が「部活動はいくら頑張ってもお金をもらえないよね？　それなのになんで頑張れるの？」と聞くと「楽しいから」「自分の成長を感じられるから」という答えが返ってきたのです。

だったら社会に出ても、部活動に励むような感覚で仕事ができれば、仕事が楽しめるし成長を感じられるよね、と言いましたが、それが高校生たちに伝わったかどうかは分かりません。

実際、私の高校生時代を振り返ってみても、もしその問いを投げかけられていたら同じように答えていたと思います。ひたすらお金儲けを追いかけた時代を経たからこそ、社会課題を解決するという使命にたどり着くこともできたのです。

私自身、生まれてから岡山県を出たことがなかったので、自分が岡山弁を話している自覚はあまりないのです。高校卒業後、包装トレーの会社で1年ほど働いたあと、父親と一緒に働き始めた私の視野や行動範囲はとても狭いものでした。しかし、井の中の蛙とよくいわれるように、私には自分のいる世界が狭いという自覚がありませんでした。

そんな私を変えてくれたのが日創研で出会った人々や考え方です。これといった思想や哲学がなく、まっさらに近い状態だったからこそ余計に吸収しやすかったのは確かです。子どもの頃、これといった取り柄もなかった自分自身が後天的な努力によって少しずつ成長できているからこそ、私は他の人も同じように変わることができると信じてやみません。成長に向かって常に情熱をもち続けることが大事だと考えています。

金山昇司

著者プロフィール

金山昇司（かなやま・しょうじ）

1964年、岡山県生まれ。高校卒業後、父親が営む鉄くず回収業の仕事を手伝い始める。一度は実入りがいいネットワークビジネスの魅力に目がくらむも、仕事の原点に立ち戻り、鉄くず回収業に専念。2001年、インテックス設立6年目で年商10億円に到達する。その後、ある経営セミナーの受講を機に、経営のあり方を見つめ直して以来、社会にとって価値ある企業になるべく、人材採用や人材教育に注力。現在は、「ゼロ・エミッションの実現」に向けて、廃棄物の再資源化やエコビレッジづくりを進めている。

本書についての
ご意見・ご感想はコチラ

ゼロ・エミッション
産廃会社が挑む地方創生

2023年7月31日　第1刷発行

著　者　　金山昇司
発行人　　久保田貴幸

発行元　　株式会社 幻冬舎メディアコンサルティング
〒151-0051　東京都渋谷区千駄ヶ谷4-9-7
電話　03-5411-6440（編集）

発売元　　株式会社 幻冬舎
〒151-0051　東京都渋谷区千駄ヶ谷4-9-7
電話　03-5411-6222（営業）

印刷・製本　中央精版印刷株式会社
装　丁　　弓田和則

検印廃止

Printed in Japan
ISBN 978-4-344-94162-5 C0034
幻冬舎メディアコンサルティングＨＰ
https://www.gentosha-mc.com/